Marieme Fall

Salinização e suas consequências para as culturas hortícolas

Marieme Fall

Salinização e suas consequências para as culturas hortícolas

no Niayes (litoral norte do Senegal)

ScienciaScripts

Imprint

Cover image: www.ingimage.com

This book is a translation from the original published under ISBN 978-620-6-71324-1.

Publisher:
Sciencia Scripts
is a trademark of
Dodo Books Indian Ocean Ltd. and OmniScriptum S.R.L publishing group

120 High Road, East Finchley, London, N2 9ED, United Kingdom
Str. Armeneasca 28/1, office 1, Chisinau MD-2012, Republic of Moldova, Europe
Managing Directors: Ieva Konstantinova, Victoria Ursu
info@omniscriptum.com

Printed at: see last page
ISBN: 978-620-8-57073-6

Conteúdo

Dedicação 3
Agradecimentos 4
Prefácio 5
Introdução 6
Capítulo 1 7
Capítulo 2 23
Capítulo 3 30
Capítulo 4 38
Capítulo 5 70
Conclusão geral 95
Referências 98
Apêndices 104
Resumo 120

"A ciência e a tecnologia, no âmbito da sua contribuição para o desenvolvimento económico e social, devem ser utilizadas para detetar, evitar ou limitar os perigos que ameaçam o ambiente e para resolver os problemas que este coloca e, em geral, para o bem da humanidade". (Princípio 18 do direito internacional do ambiente: textos de base e referências), Dommen e Cullet, 1998, página 9.

Dedicação

Ao meu pai **Seyni Maissa Fall**

Para a minha mãe **Khady Fall**

Aos meus avós **Allé Birima Fall** e **Sakha Fall**, que o Todo-Poderoso os acolha na sua morada eterna.

À minha família, **irmãos** e **irmãs**

Para o meu marido

A todos aqueles que me deram constantemente conselhos e me desejaram sucesso.

Agradecimentos

Damos graças a **Deus** Todo-Poderoso, Clemente, Misericordioso, pela sua omnipresença ao nosso lado, concedendo-nos vida, saúde e coragem para ultrapassar as provações da vida até à redação desta tese.

Esta tese não teria sido possível sem a ajuda e as contribuições inestimáveis de um grande número de pessoas.

Gostaríamos de agradecer ao nosso orientador de tese, Pr Boubou Aldiouma Sy, por ter aceite supervisionar este trabalho. O seu rigor científico e a sua exigência guiaram-nos na maior parte dos problemas, assegurando que o tema fosse respeitado, claro e simples. Sem ele, este trabalho nunca teria sido concluído. Estamos gratos aos membros dos nossos comités de tese, Dr. Bodian, Dr. Abou Sy e Dr. Souleymane Niang, que aceitaram acompanhar a evolução deste trabalho. Os seus conselhos e orientações foram inestimáveis.

Uma menção especial deve ser feita aos Professores do Departamento de Geografia, em particular Omar Diop, Adrien Coly, Da Dieng, Cheikh Wade e Diakhaté, cuja contribuição para a nossa formação científica constituiu a base desta tese. As imensas qualidades humanas encontradas em cada um deles, as suas competências e os seus conselhos nos momentos difíceis, ajudaram-nos muito.

Agradecemos a todas as pessoas que contribuíram para a elaboração deste trabalho e àquelas que nos deram apoio material e/ou moral. Um agradecimento sincero ao chefe do laboratório do SAED de Ross Béthio, Sr. Mouhamadou Diop, e ao chefe do laboratório do departamento de geologia da UCAD, Sr. Moussa Sow, por terem supervisionado e efectuado, respetivamente, as análises das amostras de solo e de água em 2010 e 2018, no âmbito deste estudo. Os seus conselhos científicos sobre a leitura dos resultados foram uma grande ajuda.

Sem esquecer aqueles que facilitaram a nossa tarefa durante a fase de recolha de dados.

Os nossos contactos, o Sr. Siré Ndiaye, em Malika, o Sr. Ousmane Ndiaye, o Sr. Ngaty Diop e o Sr. Dieumb Diop, em Taré, o Sr. Dické Diop em Darou Mboumbaye, o Sr. Ngagne Niang e o Sr. Lamine Dieng, em Diender, que contribuíram muito para a recolha de dados no terreno, através de guias de amostragem e de entrevistas. O Sr. Mbacké Guéye, meu querido marido, por nos ter acompanhado na recolha de amostras de solo e água no Lago Wouye, em Malika, em 2010, sem esquecer o seu apoio financeiro e moral. Sr. Abdoulaye Fall, agente de Enda graf Thiès, Sr. Faye agente da DGPRE, Sr. Ka agente da aldeia Millenium em Louga, M.

Pape Niang da reserva de Gueumbeul, que nos ajudou, respetivamente, a encontrar um sítio em Thiès, a elaborar alguns mapas e a escolher os sítios de Taré e Ndiébène Gandiol.

Muito obrigado ao Sr. Robert Pouye, diretor do liceu Demba Diop de Mbour até 2015, pela sua compreensão, apoio moral e administrativo, que nos permitiu conciliar estudos e trabalho.

Obrigado a todos os horticultores das diferentes zonas que estudámos, pela sua disponibilidade em responder às nossas perguntas, graças aos quais pudemos realizar este estudo.

Prefácio

A área abrangida pelos Niayes está a mudar: assoreamento, salinização das águas, alcalinização dos terrenos, erosão eólica e urbanização intensa. Os Niayes fornecem cerca de dois terços dos produtos hortícolas do Senegal e a salinização do lençol freático é um fenómeno recorrente que coloca grandes problemas às partes interessadas. Os resultados analíticos da nossa dissertação DEA (Diplôme d'Études Approfondies) de 2007 sobre a salinização dos solos do lago Wouye no distrito de Malika: impactos no ambiente natural e nas actividades socioeconómicas, mostraram um teor relativamente elevado de sal no lago devido ao fenómeno de intrusão salina resultante da proximidade do Oceano Atlântico. Esta intrusão salina está a ter um impacto negativo na horticultura comercial.

Quisemos levar a nossa investigação mais longe, analisando toda a região de Niayes, para ver se o problema é geral ou localizado. O tema desta tese é a salinização no Niayes e o seu impacto na horticultura comercial. A horticultura comercial em Niayes está ameaçada se não for aplicada uma política de gestão dos recursos naturais para salvaguardar e restaurar as bacias das hortas comerciais. A rega das plantas com água salgada tem um impacto negativo no solo e na horticultura comercial. Muitas terras foram abandonadas devido a problemas de produtividade causados pela utilização de água salgada na irrigação.

É neste contexto que se insere a presente investigação sobre os Niayes, que se estendem desde a região de Dakar até Saint Louis. Esta investigação é um contributo para uma melhor gestão dos espaços naturais e para ter em conta as preocupações das populações que vivem na zona.

O objetivo deste trabalho é mostrar a dinâmica salina do Niayes e o seu impacto na horticultura de mercado.

Esta tese é realizada no laboratório Leüdi "Dinâmicas Territoriais e Desenvolvimento" da Escola Doutoral de Ciências Humanas e Sociais (ED-SHS), Departamento de Ciências Humanas e Sociais da Universidade Gaston Berger (UGB) de Saint-Louis, Departamento de *Ecossistemas e Ambiente*, equipa *Geomorfologia, Ambiente e Desenvolvimento* (GED).

Os dados são constituídos por fontes bibliográficas, medições *in situ* e resultados laboratoriais. São apresentados dados relevantes de resultados de monitorização de 2010 a 2018, que permitem caraterizar os processos de salinização. Os dados lançam luz sobre o problema da salinização nos Niayes e o seu impacto na horticultura de mercado.

Introdução

O objetivo desta investigação é compreender melhor a degradação da água de irrigação pela salinização, no contexto atual do Senegal. Desde há mais de três décadas que se assiste à
No Senegal, tem-se registado uma deterioração constante dos solos, que se traduz num declínio constante do desempenho agrícola. O verdadeiro problema da agricultura senegalesa continua a ser a perda acentuada da fertilidade dos solos e da qualidade da água de irrigação. Estudos realizados pelo CILSS em novembro de 2010 mostram que, dos 3 805 000 ha de terras aráveis disponíveis no Senegal, cerca de 2 400 000 ha estão gravemente degradados, ou seja, 63%. Esta perda de solo deve-se principalmente aos efeitos combinados factores como a utilização de adubos químicos, as queimadas, a desflorestação maciça, a sobrecarga de gado, a má qualidade da água de irrigação e, sobretudo, a diminuição e a instabilidade das chuvas, em parte devido à diminuição da floresta natural, com cerca de 20 000 ha de floresta perdidos todos os anos (Enda Pronat, 2018).

Esta tese é uma contribuição científica para a evolução dos *Niayes* e para o estado de degradação das águas de rega e das terras aráveis, com especial destaque para os resultados já obtidos neste domínio. O objetivo desta investigação, dividida em cinco capítulos, é mostrar que a salinidade continua a ser um problema recorrente que prejudica as actividades de horticultura comercial.

O capítulo 1 descreve o contexto físico dos *Niayes*, e mais especificamente os *Niayes* de Dakar, Thiès, Louga e Saint-Louis. Apresenta as actividades de horticultura comercial e os factores de salinização.

O segundo capítulo descreve a revisão da literatura, os fundamentos teóricos da nossa investigação, o quadro concetual e a operacionalização dos conceitos do estudo.

O terceiro capítulo é dedicado à abordagem metodológica, para mostrar as várias etapas seguidas neste estudo na recolha de dados: recolha de amostras de solo e de água para análise laboratorial.

O quarto capítulo apresenta e descreve os resultados das análises e dos inquéritos, bem como a situação e a evolução da salinização nos *Niayes*. Baseia-se nos resultados das nossas diferentes análises, para conhecer o pH e a condutividade eléctrica das nossas amostras de solo e de água em 2010 e a componente química da água de irrigação em 2018.

O quinto capítulo analisa, interpreta e discute os resultados obtidos a partir das análises das amostras e dos inquéritos. A ênfase será colocada nas causas e consequências do fenómeno da salinização nos *Niayes*, nas causas naturais e antropogénicas e no seu impacto nas actividades de horticultura comercial. Esta secção mostra um declínio das terras aráveis, das actividades de horticultura comercial e dos rendimentos nos *Niayes*.

Capítulo 1

Os Niayes: ambiente físico, culturas hortícolas e factores de salinização

Nos países do Sahel, a degradação dos solos está em curso há várias décadas. O fenómeno já foi assinalado no Senegal durante a colonização (Hubert, 1917: 377): uma "secagem nas regiões senegalesas". Aubert, 1946, previu a degradação dos solos na região de Louga. Kane (1985) salientou que o recuo da floresta está associado à fragilidade dos solos. Desde a independência, em 1960, a degradação das terras cultivadas assumiu proporções preocupantes, ao ponto de a Comissão Económica para África ter previsto, em 1993, um aumento da pobreza, da sobrepopulação e da fome a um nível elevado em países como o Senegal até 2008.

Atualmente, os efeitos nefastos da degradação dos solos no Senegal ultrapassam largamente o mundo rural e afectam o conjunto da economia nacional. Esta degradação global, que resulta da erosão hídrica e eólica, da salinização e da acidificação, foi estimada num mínimo de 1% do PIB por ano. Isto significa que, todos os anos, o país perde pelo menos 85 a 90 mil milhões de francos CFA (Dièye, 2016). O desenvolvimento socioeconómico do país é largamente baseado na agricultura, que contribui significativamente para o PIB, com 7,0% em 2012, 6,8% em 2013 e 15,4% em 2017, com um aumento cerca de 6% em 2018, em comparação com 22,1% em 1960 (CSE, 2015; Grupo do Banco Mundial, 2018).

Um estudo publicado em 2016 pela ANSD sobre a *situação económica e social do Senegal em 2013* mostra uma queda dos rendimentos agrícolas na época 2013/2014, que não corresponde aos desempenhos registados em 2008, 2009 e 2010. As culturas especulativas (cereais e oleaginosas) registaram quebras. Por exemplo, a produção agrícola diminuiu em 2014, principalmente devido a uma quebra de 5% da produção e a baixos rendimentos de vários produtos agrícolas, como o amendoim (739 kg/ha em 2013, (739 kg/ha em 2013, contra 977 kg/ha em 2012), o gergelim (3 689 toneladas em 2013, uma quebra de 30,3 %), o tomate industrial (-13,0 %, com 80 000 toneladas), a mandioca (-12,8 %), o feijão-frade (-26,0 %, com 40 688 toneladas em 2013, contra 55 015 toneladas em 2012). Verificou-se uma diminuição dos rendimentos de vários produtos hortícolas, com exceção das cebolas, que registaram um aumento desde a década de 2000, com 230 000 toneladas em 2013, em comparação com 210 000 em 2012. O ano agrícola de 2017-2018 registou uma boa produção de cebola, com mais de 400 000 toneladas (APS, 2018). Apesar da queda contínua dos rendimentos agrícolas, Leiseinger et al (1995) consideram que a agricultura continua a ser o pilar da economia senegalesa. Foi criada como motor de crescimento do país desde adoção do Plano Senegal Emergente (PSE) em 2014.

Os numerosos estudos realizados sobre este fenómeno (Gavaud, 1990), Charollais e Weber (1994), Schiess (1995), Ndour (2001), Diallo et *al* (2015), utilizaram diferentes abordagens a várias escalas. Os poucos dados disponíveis obtidos até à data atestam a complexidade do fenómeno, que continua a ser um tema de investigação muito ativo, com tantas perguntas por responder como respostas explicitamente fornecidas sobre a degradação dos solos, a má qualidade da água de irrigação, etc.

1. O contexto do estudo

Nas zonas húmidas, como o *Niayes* no Senegal, a pouca profundidade do lençol freático favorece uma subida capilar significativa nas depressões durante a estação seca, que, devido ao elevado potencial de evapotranspiração, se concentra no local e se torna sodico e alcalino. A salinização e a acidificação estão entre os principais factores que conduzem à degradação dos solos, à redução das terras aráveis e à diminuição dos rendimentos. A acidificação afecta os solos fluvio-marinhos do vale do rio Senegal (400 000 ha), Casamance (cerca de 400 000 ha), Sine Saloum (230 000 ha) e *Niayes* (5 a 8 000 ha) (Sadio, 1991). A salinização constitui um problema particularmente grave para o país, com repercussões negativas nas actividades agrícolas como a horticultura. A figura 1 mostra a estimativa da salinização das terras aráveis no Senegal, por zona agro-ecológica.

Figura 1: Estimativa da salinização das terras no Senegal (em ha)

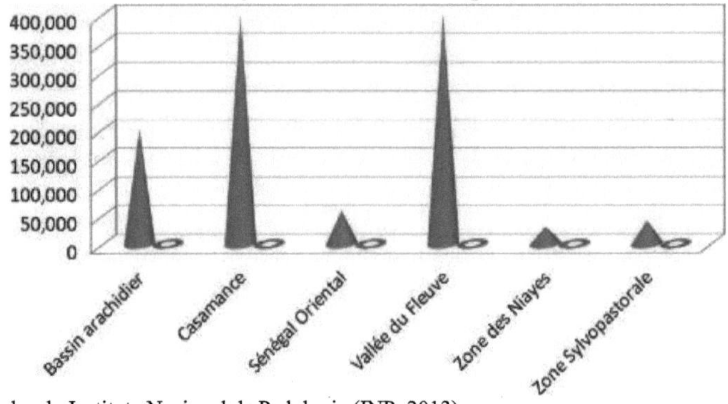

Fonte: Dados do Instituto Nacional de Pedologia (INP, 2013)

Uma estimativa da salinização das terras aráveis no Senegal mostra a vulnerabilidade dos recursos edáficos do país, tanto por causas naturais como por causas antrópicas (actividades humanas). Os solos são cada vez menos aptos para a produção, com consequências cada vez mais graves para os rendimentos. A degradação dos solos por salinização compromete as actividades agrícolas, nomeadamente a horticultura comercial na região agro-ecológica de Niayes. Este fenómeno está a aumentar, apesar de uma grande parte da produção hortícola do país provir da região de *Niayes.*

Figura 2: Localização dos *Niayes*

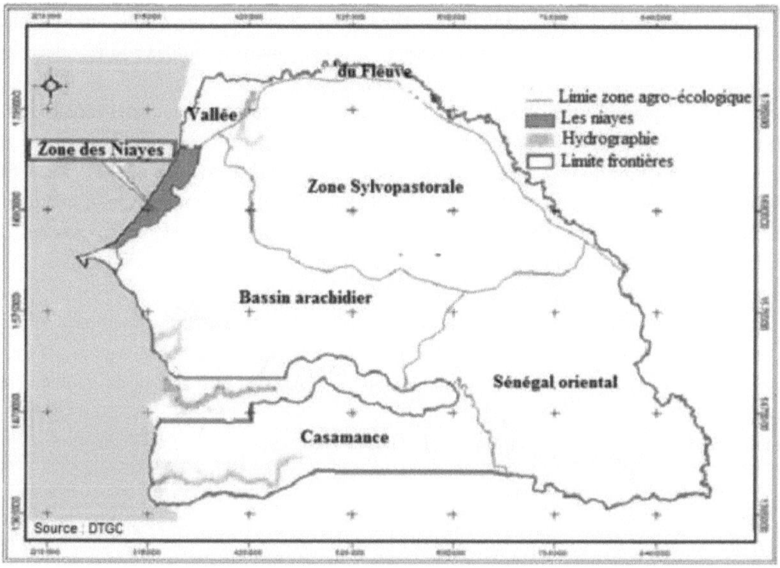

A zona abrangida pelos *Niayes* é uma das mais férteis do Senegal do ponto de vista agrícola. Os *Niayes* ocupam a costa norte do Senegal, estendendo-se do Gandiolais à península do Cabo Verde (no departamento de Pikine). A área situa-se entre 14°34'23" N e 16°05'02" N, e entre 16°01'59" W e 17°31'46" W (Diouf, 2013), numa extensão de mais de 180 km de comprimento e 30 a 35 km de largura (Aguiar, 2009), com uma superfície de cerca de 3.090 km^2 (Sy, 2006). Constitui o limite ocidental do Sahel. Pertencente à zona climática das Canárias, a sua proximidade do Oceano Atlântico favorece uma temperatura média anual relativamente baixa: 24°C a 28°C. O regime pluviométrico caracteriza-se por uma estação chuvosa que decorre de julho-setembro a outubro, com uma precipitação anual acumulada de cerca de 500 mm no sul e 300 mm no norte em 2009. Desde 2010, tem-se registado um atraso na precipitação e um recuo das isoietas para o sul do país (Figura 3). Por vezes, chega tarde (agosto-setembro) em certas zonas (Thiès), e por vezes termina antes de outubro devido ao recuo rápido do ITD. Os totais anuais de precipitação quase nunca atingem 300 mm no norte e 500 mm no sul (cerca de 252 mm em Saint-Louis e 350 mm em Dakar em 2012) (météo Sénégal, 2012). Os *Niayes* beneficiam de um clima matizado devido aos ventos alísios marítimos e às correntes oceânicas. Este facto atenua os contrastes térmicos sazonais do clima zonal saheliano, que se torna menos pronunciado à medida que se afasta da costa. A utilização do *Niayes* para a horticultura está a aumentar constantemente, o que explica a forte pressão a que está sujeito. A profundidade do lençol freático é muito variável. [12]O nível da água nos poços e nos "céanes" (poços tradicionais escavados em zonas onde o lençol freático não é profundo) situa-se geralmente entre 2 e 10 metros (nas depressões), enquanto que nos poços situados mais para o interior (no cimo das dunas), o lençol freático situa-se entre 15 e 30 metros .

Este contexto favorável fez do Niayes um local de intensa atividade agrícola no domínio da

[1]Levantamentos de campo e medições in situ
[2]Levantamentos de campo e medições in situ

horticultura comercial. Desde o início dos anos 70, o nível do lençol tem vindo a baixar regularmente devido a flutuações de gravidade variável. Durante as duas últimas décadas, a baixa pluviosidade provocou uma descida generalizada do nível freático. A redução da precipitação conduziu a uma descida progressiva do nível freático, com uma média de 0,51 m/10 anos entre 1958 e 1994. Em 2002, o nível freático parece ter continuado a descer, apesar da estabilização da diminuição das precipitações desde o final dos anos 90 (1998, 1999 e 2000). O nível do lençol freático, diretamente influenciado pela precipitação, está sujeito a um efeito retardado, designado por "efeito memória", que ocorre de poucos em poucos anos (Aguiar, 2010). Tem descido mais no sector sul (onde o lençol de areia do Quaternário é fortemente explorado) do que no norte.

Neste contexto, a evapotranspiração, que representa quase 90% dos escoamentos e 93% das perdas naturais, é o principal fator de descarga das águas subterrâneas (Aguiar, 2009). A figura 3 mostra a evolução da precipitação anual acumulada de 2009 a 2018 em Dakar, Thiès, Louga e Saint-Louis.

Figura 3: Totais anuais de precipitação de 2009 a 2018

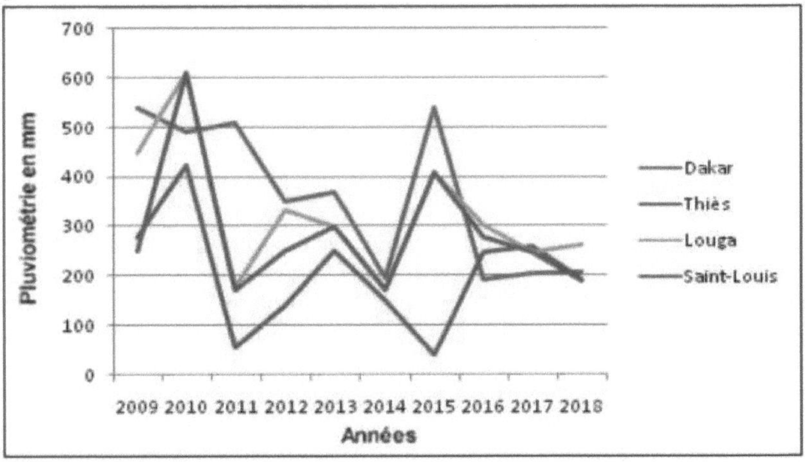

Fonte: ANACIM (2018)

Desde 2010 (um ano húmido nas quatro regiões), a precipitação tem sido irregular. De um modo geral, a irregularidade tem-se mantido ao longo dos anos, sendo 2011 e 2014 os anos mais baixos (menos de 200 mm no norte e no sul em 2014). 2018 não foi um ano chuvoso, com menos de 500 mm no sul e menos de 300 mm no norte (cerca de 205 mm em Dakar e 190 mm em Saint-Louis) ANACIM (2018). O baixo nível de reposição de água significa que existe um risco intrusão salina nos *Niayes* localizados junto ao mar. Um aumento da salinidade da água poderia comprometer a horticultura e a sobrevivência dos *Niayes.* A salinização da zona de *Niayes* tem várias causas.

É principalmente de origem marinha antiga ou atual e caracteriza-se pela infiltração do mar num lençol freático costeiro inicialmente macio (Sanokho, 2007). A salinização marinha antiga está ligada à transgressão marinha Nouakchottiana: 12.000 - 2.000 anos *BP* (Sow 2001), que deixou zonas de "água retida" que se tornaram lagoas e golfos Nouakchottianos (Ba et al, 2005).

Entre outros locais (como o vale do rio), o *Niayes* é a principal zona de produção hortícola do país. Atualmente, uma intrusão salina no lençol freático e uma acidificação devido a uma lixiviação insuficiente. De acordo com o Institut National de Pédologie (INP, 2013), esta situação conduziu à salinização cerca de 5 000 ha de terras aráveis no *Niayes*.

2. Factores de salinização no *Niayes*

2.1. Os solos *de Niayes* e a salinização

De norte a sul, os solos do *Niayes* são bastante diversificados, com um horizonte superficial de textura arenosa-siltosa com uma permeabilidade que varia de 20 a 150 cm/h (Ndoye, Ndiaye e Diop, 2006). São variados, mas os mais comuns são os solos ferruginosos tropicais não lixiviados ou solos *dior*, os solos arenosos pouco desenvolvidos, os solos hidromórficos orgânicos e os solos de pântano argilosos com húmus. Encontram-se dispersos em diferentes locais, dependendo da topografia.

Figura 4: Secção estrutural da região de *Niayes*

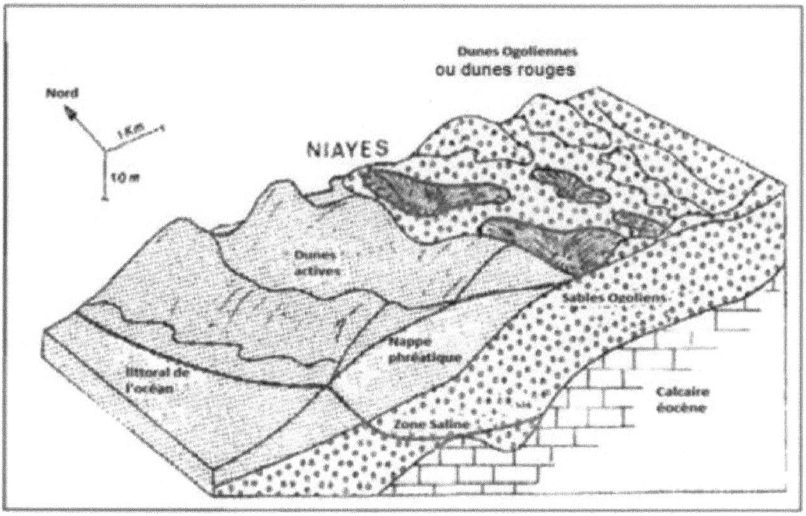

Fonte: BRGM 1984, Lazard 2009. Imagem modificada por M. Fall, 2015

As dunas vermelhas são dominadas por solos tropicais ferruginosos pouco ou nada lixiviados, os chamados solos "*Diors*", ligeiramente ácidos, que ocupam a maior parte da região *de Niayes*, com um teor de matéria orgânica muito baixo, inferior a 1%. Estão sujeitos à alcalinização, à erosão eólica e ao escoamento superficial. Nas encostas das dunas, aparecem os solos ferruginosos tropicais lixiviados. Estes solos não são mais ricos do que os seus predecessores, mas enfrentam um problema de degradação por salinização e alcalinização, que tem vindo a aumentar ao longo dos anos, à medida que o aquecimento global aumenta a evapotranspiração e a afluência salina. Na periferia das depressões, desenvolvem-se solos húmicos, castanhos-avermelhados ou isohúmicos, com diferentes graus de pântano, designados por "Diors noirs" ou "Bambo", na parte noroeste de Louga e sudeste de Saint-Louis; estes solos suportam muito bem a horticultura comercial. O seu ponto fraco é a perda bastante rápida de matéria orgânica aquando do desmatamento. Em sentido estrito, os *Niayes* são depressões interdunares que fazem a transição entre as dunas amarelas semi-fixas e o sistema continental ogoliano, por um lado, e entre o cordão branco adjacente à praia e as dunas amarelas semi-fixas (Ndioukis), por outro. *Para além* destas depressões com solos hidromórficos orgânicos, os jardins de mercado do litoral norte integram antigos vales fósseis dos Niayes em torno das regiões de Dakar e Thiès.

Os tipos de solos incluem solos hidromórficos cinzentos-castanhos a enegrecidos com encharcamento temporário ou permanente, que são muito decisivos nas depressões dos *Niayes*, e são de grande interesse para a produção vegetal.

A salinização dos solos é mais acentuada nestas zonas baixas (*Niayes*) onde o lençol freático é pouco profundo e sujeito à intrusão marinha. Nas dunas pontiagudas (litoral pontiagudo), temos solos minerais brutos trazidos pelo vento, que se caracterizam pela sua pobreza ou ausência horizontes portadores de húmus: solo mineral bruto não climático.

Os Vertisols encontram-se no sector Sébikotane (planalto de Bargny) e ao longo do eixo Somone-lac Tanma, e formam-se frequentemente em regiões onde predominam as rochas básicas. Encontram-se principalmente no sopé do planalto, sob a forma de glaciares coluviais ou nos baixios e bacias dos vales, cobertos água estagnada durante a estação das chuvas. Apresentam frequentemente um pH próximo do neutro e são pobres em matéria orgânica (MO). Os solos halomórficos persistem na proximidade de lagoas costeiras bloqueadas cinturões de dunas na parte sul do *Niayes* (regiões de Dakar e Thiès. Os sais provêm do afloramento salino dos estuários durante os períodos de baixa-mar, mas são também parcialmente herdados do regime lacunar do final da última transgressão de Nouakchott e incorporados nos sedimentos. Os solos halomórficos estendem-se até às margens dos lagos salgados permanentes ou temporários, como o lago Tanma. A zona de *Niayes* apresenta uma grande variedade tipos de solos, com pH variável consoante o meio.

Em termos de salinidade, esta investigação mostra a existência de quatro entidades de solos: solos extremamente salinos, nos Niayes de Thiès, solos ligeiramente salinos a salinos, nas terras baixas dos *Niayes* de Pikine em Dakar e solos não salinos, nos *Niayes* de Thiès e Saint-Louis mais ou menos afastados mar e lago Tanma. A presença solos muito alcalinos é também muito forte em toda a zona de *Niayes*. Esta situação é suscetível ter um impacto na vegetação e, por conseguinte, na produção hortícola.

2.2. Vegetação *de Niayes* e salinização

Nos *Niayes*, as flutuações do teor de sal são responsáveis pela diferenciação de dois tipos de vegetação, uma ligada ao substrato salgado e a outra ao lençol de água doce. Quando o equilíbrio entre a água doce e a água salgada no subsolo é perturbado, ou em resultado da intrusão marinha, pode ocorrer a salinização do lençol freático e do solo (Diallo et *al.*, 2009). Nestes meios salinos, espécies como *Blutaparon vermiculare, Paspalum vaginatum, Blumea viscosa e Diplachne fusca* são pioneiras e encontram-se no Grande *Niaye* de Pikine.

Quando as condições ambientais se tornam desfavoráveis, a vegetação evolui para uma vegetação menos exigente em água e sal, o que leva ao estabelecimento de terófitos mais ou menos indiferentes. Nas depressões profundas, permanentemente inundadas, desenvolve-se uma vegetação higrófila ou meso-hidrófila, constituída por *Typha domingensis* (como no lago Wouye em 2018), *Phragmites australis* e *Paspalidium geminatum*. A salinização da zona *de Niayes* levou ao desaparecimento de numerosas espécies vegetais (desaparecimento de grupos de *Echinochloa sp.*), PNEEB (2014). A vegetação é composta por espécies indicativas de solos degradados, como *Eragrostis*, *Opuntia tuna* e *Typha australis*. Presente nas dunas amarelas e brancas da zona de *Niayes*, o *Cato* ou *Opuntia tuna* adapta-se a zonas sensíveis (alcalinidade, salinização) e prolifera frequentemente de forma muito rápida. Foi constatada uma forte presença da espécie *Cactus*, nomeadamente nas aldeias de Taré e Darou Mboumbaye (favorecida pela antropofagia e reforçada pela degradação dos solos). Um estudo mostrou que: "o crescimento dos cactos plantados em solos salgados não foi significativamente afetado por diferentes concentrações de sal, e que a maioria foi estimulada pelo aumento da concentração de sal no ambiente" (Khales e Baaziz, 2006).

Foto 1: *Cactos* Taré e Darou Mboumbaye em 2010 e 2018

Fonte: Foto M. Fall, 2010 e 2018

O desenvolvimento intensivo da horticultura comercial em toda a zona de *Niayes* está a contribuir para o empobrecimento dos solos e a degradação da vegetação. A isto junta-se a sobre-exploração das depressões que, juntamente com o défice pluviométrico da região, conduziu à salinização de alguns locais e ao desaparecimento de várias espécies vegetais, como o *lótus Nymphaea*, uma espécie aquática mais exigente em água que se encontra no centro da depressão (CRDI, 2001). Os ventos são um elemento essencial no acompanhamento da evolução da salinização dos *Niayes*.

2.3. Vento e salinização do *Niayes*

Os ventos alísios marítimos que sopram sobre *Niayes* contribuem para a erosão e a salinização. Estes ventos favorecem a remoção da camada superficial do solo e enterram as bacias das hortas em areia do mar, imprópria para o cultivo devido à sua salinidade (Ndao, 2012). As velocidades dos ventos são mais baixas durante a estação das chuvas, em julho, agosto e setembro, de 21 e 26 km/h, e muito elevadas durante a estação seca, de 24 e 30 km/h, o que faz com que os salpicos do mar enterrem as zonas de hortas (sobretudo nos Ndioukis), provocando a alcalinização e a salinização.

Figura 5: Velocidades do vento em 2018 na zona de Niayes/km/h

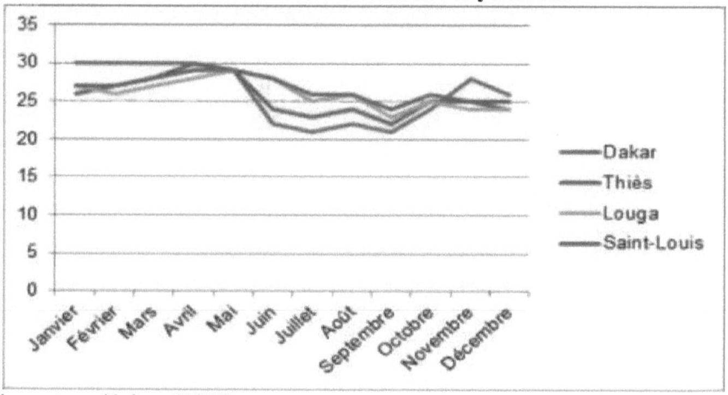

Fonte: dados meteorológicos (2018)

A exposição da faixa costeira aos ventos alísios marítimos é responsável, em grande parte, pela originalidade do ambiente, mas também pela intrusão de areia do mar (sea spray), que favorece a alcalinização e a salinização da zona. Os ventos alísios marítimos são capazes de ter um efeito até 200 km para o interior, favorecendo o avanço do sea spray em direção às zonas de horticultura da parte continental da região de *Niayes*. A partir de maio, inicia-se o regime de monção com um reforço dos ventos de sul, em detrimento dos ventos de norte. O harmatão faz-se sentir no litoral durante um curto período de tempo, mas contribui para um aumento significativo da temperatura, o que acentua a procura evapotranspiratória e, por conseguinte, o aumento da salinidade.

2.4. Temperaturas e salinização

As temperaturas registadas na zona abrangida pelos *Niayes* variam entre 15°C e 35°C. Nunca atingem os 40°C e são propícias à conservação da água durante um longo período, o que favorece a horticultura de mercado. São registados 9 meses em 12 em toda a região. Os *Niayes* são reputados como tendo temperaturas ideais para o desenvolvimento da horticultura comercial, mas com o aquecimento global nos últimos anos, as temperaturas aumentaram (26°C a 35°C), levando a uma forte evaporação e ao aumento da salinidade, especialmente nas regiões de Thiès e Louga. Verificou-se uma diminuição da precipitação de norte a sul e um aumento da evaporação. A forte evaporação está a provocar a secagem das águas subterrâneas e a secagem de alguns rios, o que dificulta o cultivo de produtos hortícolas. A evaporação a alcalinização e a salinização do *Niayes*.

2.5. Precipitação e salinização

Na região de Niayes, as chuvas costumavam registar-se de julho a outubro, mas devido a perturbações climáticas, variam agora de julho a setembro. Por vezes, as primeiras chuvas chegam em agosto. A precipitação registada varia entre 500 mm no sul e 300 mm no norte (ANACIM, 2016). O resto do ano (outubro a julho) é caracterizado por uma quase ausência de chuva. As poucas chuvas registadas mal ultrapassam os 50 mm no total. Estas chuvas são designadas por "chuvas fora de época" ou "heug". Esta diminuição da precipitação nos *Niayes* tem repercussões negativas no ambiente, com uma descida do nível do lençol freático, que favorece a subida dos níveis de sal à superfície, provocando a alcalinização e a salinização dos solos. A figura 6 a evolução da pluviosidade na região de *Niayes* de 2010 a 2016.

Figura 6: Tendências da precipitação na região de *Niayes* de 2010 a 2016

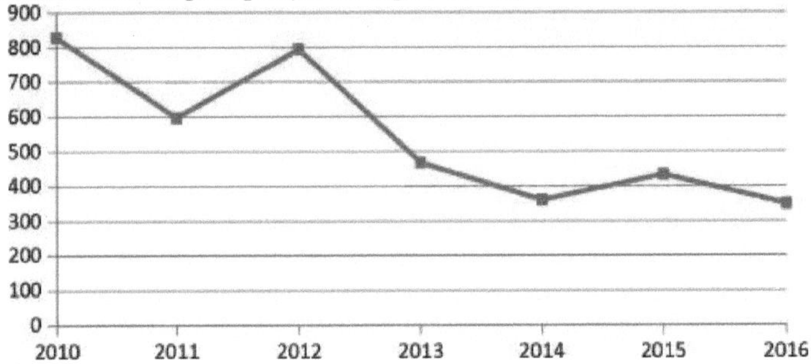

Fonte: ANACIM (2016)

De 2010 a 2016, a precipitação acumulada variou de 350 a 829 mm. O nível mais baixo foi registado em 2016, com baixa pluviosidade, e o mais alto foi registado em 2010, com uma boa média. Em 2016, a precipitação variou entre 150 e 350 mm na região de *Niayes*. A figura 7 a evolução da precipitação anual acumulada entre 2012 e 2015 em Dakar, Thiès, Louga e Saint-Louis.

Figura 7: Precipitação acumulada anual de 2012 e 2015

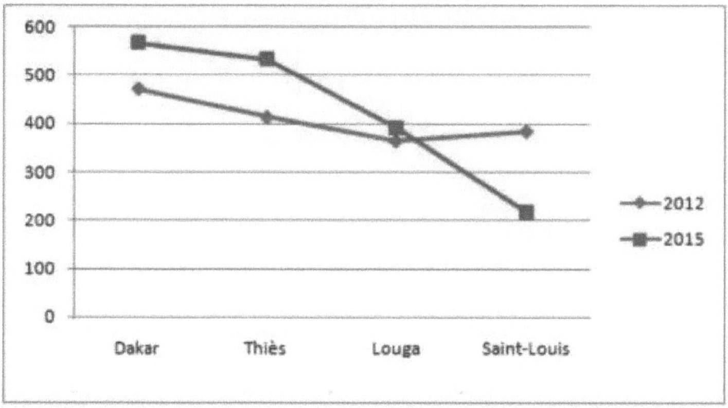

Fonte: ANACIM (2015)

Entre 2012 e 2015, a precipitação foi irregular na região de *Niayes*, nomeadamente em Saint-Louis, com 384 mm em 2012 contra 219 mm em 2015, ou seja, uma diferença de 165 mm. A pluviosidade varia de cerca de 200 a 500 mm por ano. Este facto tem um impacto na recarga dos lençóis freáticos, provocando a salinização e dificuldades na horticultura comercial. As variações da precipitação em relação à média anual nas estações de Saint-Louis e Louga mostram que a quantidade de precipitação varia de um ano para o outro. Nos últimos dez anos, registou-se uma diminuição notável da pluviosidade, o que teve um impacto no desenvolvimento da horticultura comercial. A importância da zona *de Niayes* para a horticultura comercial deve ser demonstrada.

3. Os *Niayes* como apoio às actividades de horticultura comercial

Os *Niayes* são largos e compridos na península de Cabo Verde, mas estreitos na região de Thiès, formando numerosas piscinas que secam na estação seca e se enchem nos meses de inverno. Estas depressões diminuem à medida que se avança para norte. Estas depressões são ideais para a cultura de legumes. O sítio *de Niayes* está mais concentrado na região de Dakar (península de Cabo Verde) e na região de Thiès (Mboro), onde forma zonas caracterizadas por uma presença quase permanente de água, ao contrário do sítio de solo de Dior, onde a infiltração é maior. Fornece cerca de 60% das culturas hortícolas: cebolas, batatas, cenouras, couves, tomates cereja e de mesa, beringela doce, alface, malagueta, beringela amarga (jaxatu em wolof), etc. (GRET, 2015). A horticultura de mercado é praticada em dois períodos: a contra-época fria, de outubro a março, e a contra-época quente, de abril a junho. As culturas mais cultivadas na contra-época fria são a cebola, a malagueta, a beringela amarga (jaxatu), a couve e a beringela doce.

4. A economia de mercado de *Niayes*

Os *Niayes* são, antes de mais, uma região ecológica específica constituída por um conjunto de dunas e depressões de diferentes idades, texturas e cores. Por esta razão, a tipologia toma emprestado ao ecossistema as suas diferenciações, que se reflectem nos diferentes locais de produção que se observam de forma descontínua neste meio natural. Cerca de 80% da produção hortícola do Senegal provém do *Niayes* (Diop et al, 2019), que fornece produtos frescos à Grande Dakar e às outras regiões que a compõem. Existem dois tipos de explorações hortícolas: as explorações hortícolas e as explorações arbóreas. A nível nacional, a horticultura de mercado, principalmente nos *Niayes*, produziu mais de 106.000 toneladas no ano agrícola de 2017-2018 (Guèye, 2018), em comparação com 150.000 toneladas em 2003 (ISRA, 2003). A presença de água e a diversidade da vegetação justificam a fertilidade da terra, favorecendo o aparecimento dos primeiros horticultores nos sítios desde a seca dos anos 70, de um longo período horticultura comercial nos *Niayes*.

5. Unidades morfopedológicas

Foram identificadas várias unidades morfo-sedológicas: os *Ndioukis* (zonas baixas entre as dunas brancas e as dunas amarelas semi-fixas), os *Niayes* (zonas baixas entre as dunas amarelas semi-fixas e as dunas vermelhas ogolesas) e os vales ou lagos fósseis.

5.1. Os *Niayes*

Os Niayes correspondem a depressões interdunais caracterizadas solos orgânicos hidromórficos onde o lençol freático é pouco profundo, ou mesmo aflorante nalguns locais, e onde ainda persiste uma vegetação de tipo guineense. Estas depressões são ideais para o cultivo de hortas. Dada a sua reduzida dimensão, as parcelas cultivadas são bastante pequenas, variando entre cerca de 0,1 e 1 ha (Fall et *al*, 2001), o que explica a elevada densidade das parcelas e a diversidade das culturas. As condições de aperto e a salinidade em alguns locais continuam a ser uma desvantagem para o sistema de produção nos *Niayes*.

5.2. Os *Ndioukis*

Os *Ndioukis* são bacias de cultura de mercado situadas entre o sistema de dunas vivas e as dunas semi-fixas (dunas brancas e dunas amarelas). Encontram-se principalmente entre as dunas costeiras de Kayar a Gandiolais, onde a cultura da cebola é dominante, com uma produção nacional de cerca de 367 000 toneladas em 2015, contra 245 000 toneladas em 2014 e 90 000 toneladas em 2001. A presença de lentilhas de água doce pouco profundas levou ao desenvolvimento da horticultura de mercado e à especialização na produção de cenouras e nabos. Além disso, beneficiam de uma boa proteção contra os ventos do norte e do noroeste graças às zonas de reflorestação plantadas com *Casuarina equisetifolia* ao longo de todo o litoral norte. O sistema de produção *Ndiouki* é muito mais frequente no centro de *Niayes* (região de Thiès) e no norte de Niayes (regiões de Louga e Saint-Louis), e a dimensão das explorações continua a ser pequena, não excedendo 1 ha (Fall et *al*, 2001). A dimensão das explorações é cada vez mais reduzida, devido ao principal constrangimento que continua a ser o aumento da salinidade. Dada a pobreza dos solos, o sistema de produção *de Ndiouki* requer grandes quantidades de fertilizantes minerais e orgânicos. Os constrangimentos são o isolamento destas zonas, difícil acesso, com estradas intransitáveis e caminhos arenosos.

Foto 2: Vista de uma *floresta de Niayes*

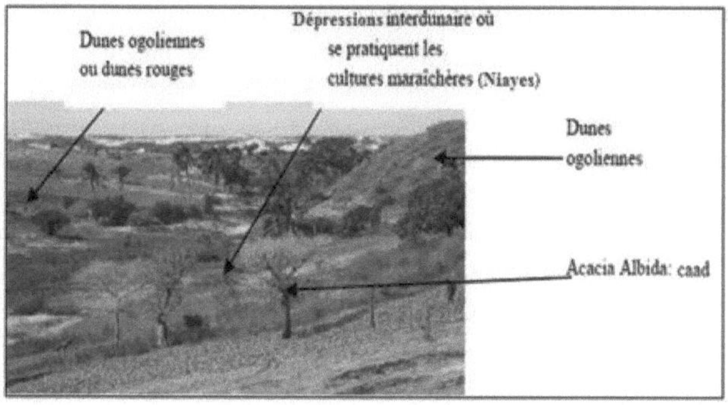

Fonte: A-M. Lézine & L. A. A. Aguiar (dezembro de 2004). Foto modificada por M. Ndao, 2012 e M. Fall, 2018

Vales secos ou lagos

Os vales e lagos secos são antigas redes hidrográficas que se tornaram secas devido à deterioração climática e que são utilizadas pelos horticultores. Este sistema de cultivo é específico das regiões de Dakar e Thiès, onde existe uma concentração de vales secos. O fator limitante é o sal que invade a terra e o lençol freático. A seca dos anos 70 levou à secagem das antigas redes hidrográficas, mais concentradas na região de Dakar (Lago Mbeubeuss, Reubeut, Malika e Yeumbeul, etc.) e na região de Thiès com o Lago Mbawane: o eixo Somone-Lac Tanma, etc. Outrora pontuada por lagos perenes paralelos à costa, a região de *Niayes* perdeu um número significativo destes lagos devido à degradação das condições climáticas e pluviométricas.

Atualmente, o escoamento superficial mínimo que se observa neste sector é muitas vezes temporário e depende de um bom ano de chuvas. Os lagos secos são cultivados por horticultores que utilizam um sistema de cultivo específico. As principais culturas são a couve e o tomate. Outras são a beringela, o pimento, o pepino, a curgete, etc. Nestes locais, a produção requer pouca ou nenhuma rega: a água é fornecida pelos aquíferos. A disposição das parcelas segue as margens e estende-se em direção ao centro do vale ou do lago. A dimensão das explorações raramente ultrapassa um hectare. Na Langue de Barbarie, as culturas são essencialmente culturas de recessão: couve e batata-doce.

6. A diversidade da produção hortícola nos *Niayes*

A agricultura nos *Niayes* é largamente dominada pela horticultura comercial. As culturas alimentares, os cereais e outras culturas estão muito pouco desenvolvidas. Os volumes de produção aumentaram acentuadamente nos últimos 15 anos, para mais de 600 000 toneladas. Entre 2011 e 2015, a produção de hortícolas nos *Niayes* aumentou de cerca de 640 000 toneladas em 2011 (PADEN, 2013) para cerca de 886 930 toneladas em 2015 (DAPSA, 2016). Esta situação é favorecida pelas explorações industriais, com predominância de pomares e hortas domésticas e explorações privadas. Esta situação pode ser vista como positiva para os agricultores, mas tem consequências graves para os recursos do solo. Assim, a forte pressão fundiária e o desaparecimento dos pousios são em parte responsáveis pela degradação dos solos nos *Niayes*. Esta investigação centra-se explorações tradicionais de hortas familiares, que se encontram numa situação diferente da média nacional, com um declínio da produção em consequência da alcalinização do solo e da salinização da água de irrigação. O sistema periurbano produção familiar de hortas é o principal sistema de produção, com menos de um hectare de terra, uma posse de terra relativamente insegura (meação, arrendamento) e uma elevada presença imigrantes de países vizinhos.

Nos últimos dez anos, o sector das hortas beneficiou de programas e projectos que mobilizaram mais de 10 mil milhões de francos CFA. Os resultados obtidos são convincentes, mas devem ser consolidados e prosseguidos. Os enormes esforços realizados começam a dissipar-se e a comprometer o subsector, devido às dificuldades de abastecimento de água e à forte especulação fundiária sobre os terrenos agrícolas em benefício dos promotores imobiliários. Em 2011, cerca de 41% da produção hortícola do Senegal provinha dos *Niayes* (ANSD, 2012). Muitos estrangeiros, nomeadamente guineenses, trabalham nas hortas. As pessoas utilizam o rendimento das hortas para construir casas permanentes, daí a sua importância na zona. Nas regiões de Dakar, Thiès, Louga e Saint-Louis, a cebola dominou as outras culturas (367 500 toneladas) em 2015, representando 41,43% do total dos produtos hortícolas (DAPSA, 2016). Seguiu-se o tomate (28.000 toneladas) em 2015 e 2016, contra 52.895 toneladas em 2018 (Dieng, 2018), que registou um declínio acentuado em relação a 2010 (mais de 55.000 toneladas). A produção de legumes é geralmente boa, sendo cultivados quase todos os legumes utilizados pela população local: batata (*Solanum tuberosum*), feijão verde, quiabo (*Abelmoschus esculentus*), malagueta, beringela, nabo (*Brassica napobrassica*), couve (*cabus* pommé), jaxatu (beringela amarga), mandioca, cenoura e batata-doce (*Ipomoea batatas*).

Figura 8: Especulação dominante na zona de *Niayes* em 2015

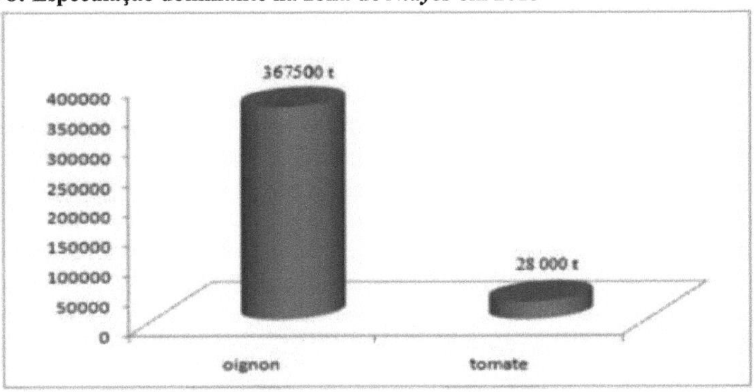

Source : Direction de l'Horticulture 2016

Entre 2011 e 2013, registou-se um aumento da produção, consoante a variedade da cultura (de mais de 56% para a mandioca a mais de 209% para o quiabo). Este facto demonstra o elevado nível de especulação na horticultura de mercado e a pressão sobre as terras, como na região de Dakar. Esta situação contribui para a dos solos. Os agricultores são frequentemente obrigados utilizar cada vez mais produtos químicos (NPK) para aumentar os seus rendimentos. A forte urbanização da região está a invadir as terras agrícolas e as hortas comerciais, obrigando os agricultores a utilizar produtos químicos em excesso e a deixar de deixar as terras em pousio. No entanto, o uso excessivo de produtos químicos contribui para a alcalinização e a salinização. A Figura 9 mostra a produção de hortas na região entre 2011 e 2013.

Figura 9: Produção de hortas comerciais nos *Niayes* de 2011 a 2013

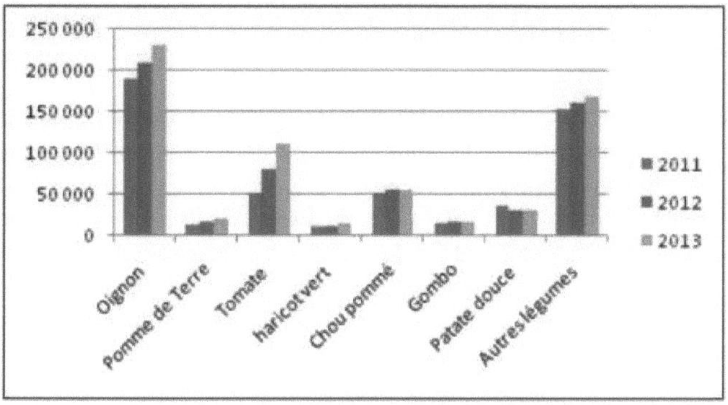

Fonte: Departamento de Horticultura 2014

As condições de desenvolvimento da horticultura comercial são favoráveis nos *Niayes*. Entre 2009 e 2015, a produção de hortas aumentou, impulsionada pelas explorações industriais. As culturas são diversificadas e destinam-se ao abastecimento dos mercados locais e à exportação (para certos produtos). A produção de legumes em 2015 está estimada em cerca de 886.930 toneladas, o que representa um aumento de 19,54% em relação a 2014 e de 25,10% em relação à média dos três anos anteriores (DAPSA, 2016).

Figura 10: Produção de hortas familiares na região de *Niayes*, em toneladas, de 2009 a 2015

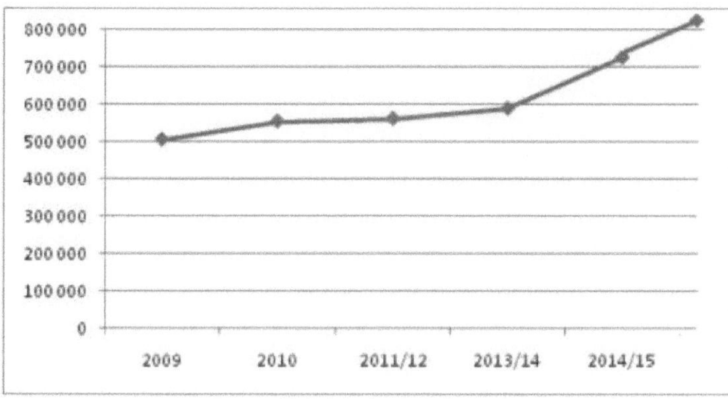

Fonte: CDH (2014) e DAPSA (2015)

A produção de hortas é muito diversificada *na* região de *Niayes*. Existem vários tipos de culturas e de explorações hortícolas. Os produtos são vendidos em todo o país e a nível internacional, em função das necessidades do mercado.

6.1. Os diferentes tipos de culturas cultivadas na região de *Niayes*

A presença de lençóis freáticos pouco profundos e sub-superficiais permite a existência de dois tipos de culturas: as culturas de recessão das cheias nos *Niayes* de Dakar e de Mboro e as culturas de regadio nas zonas mais afastadas das depressões. Nos *Niayes* de Dakar, nomeadamente nos Grande *Niayes* de Pikine e nos *Niayes* de Mboro, as principais culturas de recessão das cheias são o tomate, a batata-doce e a cebola, sobretudo em Mboro. As culturas que necessitam de irrigação são dominadas pela couve e pela cebola em todo o *Niayes*, de

Dakar a Saint-Louis. O sistema de produção nas depressões é contínuo ao longo de todo o ano, sendo o calendário de colheitas determinado mais pelas necessidades do mercado do que pelas condições climatéricas.

6.2. Os diferentes tipos de explorações hortícolas registados na *região de Niayes*

Existem três tipos de explorações de horticultura comercial, consoante a sua dimensão e a forma como são desenvolvidas:

- **As pequenas explorações agrícolas,** com menos de 1 ha, têm um carácter mais individual do que familiar. Este carácter individual está intimamente ligado à forma como a terra é apropriada e desenvolvida: trata-se frequentemente de parcelas de terra divididas pelos seus proprietários (Lébous da região de Dakar em geral) que as arrendam a migrantes nacionais ou migrantes da sub-região, nomeadamente da Guiné Conacri, ou que praticam a meação (localmente designada por "mbay sêedo"), Fall et *al.* (2001). Este tipo de agricultura é dominante em toda a região dos *Niayes*, nomeadamente nas zonas baixas e nos vales secos. Caracterizadas pela sua pequena dimensão, solos muito ricos e baixo stress hídrico, nomeadamente nas regiões de Dakar e Thiès, as culturas dominantes são a couve (*Brassica oleracea*), a cebola (*Allium cepa*), a malagueta (*Capsicum*), a beringela (*Solanum melongena*), o jaxatu (*Solanum aethiopicum*), a alface (*Lactuca sativa*) e a hortelã (*Mentha spicata*). A hortelã dá uma contribuição financeira substancial, permitindo o financiamento vários factores de produção e satisfazendo as necessidades diárias dos pequenos agricultores. As culturas são variadas, em função do tipo de solo, da região e da dimensão das explorações, e destinam-se principalmente a abastecer os mercados locais. Ao contrário de outras regiões, a produção em Dakar é mais diversificada e distribuída ao longo do ano.
- **As explorações de média dimensão,** de 1 a 20 hectares, estão localizadas em solos dior e vertisol nas zonas de Sébikotane e Pout. Estas explorações são privadas, tendo os proprietários adquirido as mesmas por herança, compra, doação ou arrendamento. No que respeita ao seu modo de exploração, estas explorações são de tipo moderno e semi-moderno. ferramentas mecânicas para o trabalho da terra, a drenagem e a irrigação. Empregam trabalhadores agrícolas ou mão de obra assalariada. As culturas são menos diversificadas do que nas pequenas explorações, uma vez que a produção se destina principalmente ao mercado grossista e à exportação (Fall et *al.*, 2001). As principais culturas cebola, o tomate, o feijão verde (*Phaseolus vulgaris*), a couve, a beringela doce e amarga (*jaxatu*), a malagueta, o pimento doce (*Capsicum annuum*), o quiabo (mais cultivado durante a estação das chuvas), etc.
- **As explorações modernas têm** mais de 50 hectares e dispõem dos meios técnicos e humanos necessários. São associativas (GIE) ou privadas e concentram-se nas regiões Dakar (Sébikotane), Thiès (Pout, Mboro) e Saint-Louis. A maior parte da sua produção consiste em culturas de exportação (feijão verde, tomate); os excedentes são utilizados para abastecer os mercados locais (Fall et *al*, 2001).

6.3. Tendências de rendimento no *Niayes*

A nível nacional, os estudos revelam um aumento dos rendimentos em função do ano desde 2009, com um aumento de mais de 19% entre 2014 e 2015. Este facto deve-se à agricultura intensiva para a exportação de produtos de mercado. Devido à alcalinização e à salinização, os rendimentos têm vindo a diminuir de forma constante ao longo dos anos nas nossas zonas de estudo. É nas regiões de Thiès e Saint-Louis que encontramos o maior número de agricultores que praticam a horticultura de mercado contra a estação fria. As parcelas cultivadas são bastante pequenas, variando de 1.000 m^2 a 1 ha (Fall, 2001). As parcelas estão a tornar-se mais densas e há uma maior diversidade de culturas. As culturas dominantes continuam a ser a couve, a cebola, o tomate, a beringela doce e amarga (jaxatu em wolof), o rabanete, a alface, a hortelã, o pimento, a salsa, o alho francês, o pepino, etc. A cebola predomina, com rendimentos muito elevados, variando entre 150 000 e mais de 230 000 toneladas em 2009 e 2014, seguida do tomate-cereja, entre 50 000 e 100 000 toneladas, e da couve, entre 40 000 e 100 000 toneladas. A apresentação dos sítios dar-nos-á uma visão mais detalhada da região de Niayes.

7. Apresentação dos sítios de estudo

A zona de Niayes, que se estende ao longo da costa norte, atravessa quatro regiões: Dakar, Thiès, Louga e

Saint-Louis. O que têm em comum é a horticultura comercial aí praticada e o problema da salinização, que afecta os sítios do lago Wouye, do lago Tanma, de Taré e de Darou Mboumbaye.

Figura 11: Localização dos diferentes sítios estudados

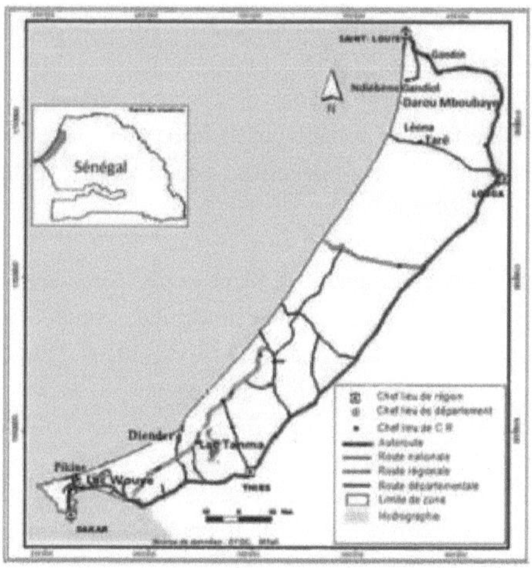

7.1. Lago Wouye

O lago Wouye situa-se na região de Dakar, no departamento de Pikine. Com uma superfície de cerca de 23,2 ha (PLD, 2006), o lago Wouye é o resultado da circulação natural de vários cursos de água que têm origem no lago Thiaroye, passando pelo lago Reubeut no distrito de Yeumbeul, pelo lago Thiouroure e pelo lago Warouwaye em Yeumbeul. As suas águas corriam até ao lago Mbeubeuss em Malika, passando pela lagoa Toll Mbaye Djinn (Fall, 2006). Estes lagos, que comunicavam entre si, estão agora separados por casas e estradas; o lago Wouye está isolado. A maior parte destes lagos secou durante a seca dos anos 70 (Mbeubeussé, Reubeut, Thiouroure). A parte norte do lago Wouye é bordejada por uma floresta de filaos, que estabiliza as dunas de areia e impede o assoreamento do local. A horticultura comercial era praticada no sudeste e no oeste do lago. Desde 2008, uma grande parte do jardim do mercado foi engolida pela água, com a sua transformação numa bacia de retenção de águas residuais dos bairros circundantes. Na parte sul, existe um amontoado de resíduos domésticos junto às casas.

7.2. Lago Tanma

O lago Tanma situa-se na região de Thiès, nas coordenadas (14°53'61" N) e (17°02'70" W), no município de Diender, distrito de Keur Moussa. Situa-se entre as comunas de Diender e de Mont Rolland e faz fronteira a sul com toda a parte noroeste da comuna. O lago é também conhecido como lago Tamar, lago Tamna e lago Tanma. É uma massa de água pouco profunda da costa, situada a 45 km a leste, a nordeste de Dakar. Estende-se por cerca de quinze quilómetros ao longo de um eixo aproximado norte-sul, com uma largura média de cerca de 2,5 km, exceto em 113 do seu comprimento a partir do extremo norte, onde se estreita para 0,750 km por 1,5 km. Esta constrição é acompanhada por uma mudança na direção do alongamento, que passa a ser de nordeste para sudoeste (Sow, 2001). "É um lago de água salobra que comunica parcialmente com o mar durante as chuvas de inverno. Os *Niayes* a nordeste do lago são pequenas ilhas" (Morel e Touré, 1967: 573). "Atualmente, o lago secou e o paleocanal foi completamente soterrado pelo avanço das dunas amarelas reavivadas" (Sy, 2000: 10).

7.3. O sector Taré

Taré situa-se na região do Louga, município de Léona, distrito de Sakal. A aldeia situa-se depois de Potou, na extremidade sul da antiga foz do rio Senegal, que corre ao longo do Oceano Atlântico durante cerca de 30 km. Situa-se no extremo sul do Parque Nacional da Langue de Barbarie (PNLB), entre as aldeias de Gabar e Mourel. O parque estende-se ao longo da extremidade noroeste da comuna, com as hortas nas partes sul, sudeste e oeste. As dunas brancas, plantadas com filaos e coqueiros, estendem-se por uma vasta praia varrida pelos ventos alísios.

7.4. Darou Mboumbaye

Darou Mboumbaye está situado na região de Saint-Louis. Situa-se a 163 km a nordeste de Dakar, no município de Ndiébène Gandiol, distrito de Rao. Situa-se a uma latitude (15° 50' 16" Norte) e a uma longitude (16° 31' 0" Oeste) (1fovil, 2016). O estudo dos diferentes locais permite determinar a continuidade da salinidade, que continua a ser um problema recorrente no *Niayes*.

Objectivos da investigação

O objetivo deste estudo é determinar as caraterísticas químicas do solo e da água, a fim de mostrar a origem da salinidade, compará-las e acompanhar a sua evolução ao longo do tempo. Os resultados científicos obtidos nesta investigação mostram a qualidade das águas subterrâneas em termos de potabilidade e de aptidão para a horticultura comercial. A relação entre a salinização e as consequências para a horticultura, as terras aráveis e os rendimentos. Os fundamentos teóricos e o quadro concetual esclarecem melhor o problema de investigação.

Conclusão

O capítulo 1 descreve o contexto físico do *Niayes*, a situação da horticultura comercial na região e os factores que contribuem para a salinização do *Niayes*.

Para melhor circunscrever a formulação do problema, o capítulo 2 aborda a bibliografia e os fundamentos teóricos e conceptuais, para uma melhor compreensão dos conceitos do estudo.

Capítulo 2

Estado da arte, fundamentos teóricos e conceptuais

O capítulo 2 apresenta o estado da arte, o problema de investigação, as questões de investigação, a delimitação do campo de investigação, os objectivos de investigação, a justificação para a escolha do tema, o interesse da investigação e as hipóteses de investigação. A base concetual ou quadro operativo, refere-se à definição dos conceitos da tese: salinização, consequência, market gardening, para uma melhor compreensão do tema.

1. Estado da arte

Foram efectuados numerosos estudos sobre a salinização, a horticultura comercial, os *Niayes*, etc. Entre eles, Le Brusq e Loyer (1982), Schiess (1995), Diouf, Gomis e Tchani (1997), Boivin, Favre e Maeght (1998), Ndour (2001), Jacoutot e Diallo (2006), Diallo, Ndiaye, Saleh, Tine, Diop e Guissé (2015), Niang (2017). Estes autores concentraram-se principalmente em aspectos fisiológicos e forneceram detalhes sobre toda ou parte da região. Alguns concentraram-se em atividades socioeconómicas (horticultura comercial). No entanto, no seu conjunto, a investigação realizada neste domínio produziu resultados muito interessantes que permitiram valorizar o que já foi feito.

Le Brusq e Loyer (1982), *Évolution de la salinité des sols et des eaux en relation avec la riziculture submergée dans le delta du fleuve Sénégal*, ORSTOM, 16 p, determinaram a influência dos parâmetros do solo e microbiológicos na produtividade do delta *do* rio Senegal. Distribuíram os solos afectados pelo sal nos diferentes mapas 1:200.000 do vale (FAO, 1973). Em seguida, estudaram a evolução da salinidade e do pH dos solos através de um protocolo experimental no qual escolheram 4 parcelas representativas dos níveis de salinidade, dos tipos de solos e das posições geomorfológicas das bacias irrigadas. Em relação ao nosso tema, as diferentes análises efectuadas nesta investigação foram muito interessantes para o estudo da salinidade: pH, condutividade eléctrica (CE). Tentou-se avaliar o balanço hídrico e salino nas bacias de Tilene, Pont Gendarme, Ngomene e Ndiaye. Uma melhor gestão das consequências teria sido uma mais valia.

Schiess (1995), *Alcalinisation des sols irrigués dans la Moyenne vallée du fleuve Sénégal: diagnostique par évaluation du stock de carbonates,* Diplôme EPFL : Génie Rural : Pédol, Lausanne, ORSTOM, 39 p., testou um método simples para avaliar o stock de carbonatos acumulados nos solos irrigados da Moyenne vallée du fleuve Sénégal. Este trabalho permitiu-lhe mostrar que existe uma evolução nos solos cultivados, manifestada por um aumento do pH e uma acumulação de carbonatos nos solos cultivados. O estudo mostra que todos os solos irrigados sofrem as mesmas alterações, em maior ou menor grau, consoante a idade do sistema de irrigação, o regime hídrico e o tipo de solo. Nenhuma zona foi poupada, e mesmo as zonas equipadas com drenos estão a deteriorar-se. O estudo revelou que o solo está a tornar-se mais alcalino. Schiess salienta que o fenómeno da alcalinização é problemático, na medida em que afecta a produtividade do solo. Os resultados do estudo revelaram reduções de rendimento observadas pelos agricultores da região, mas Schiess afirma que estas não se devem exclusivamente ao fenómeno da alcalinização, uma vez que muitos outros factores podem ser responsáveis. O facto é que a acumulação de carbonatos que provoca o aumento do pH, juntamente com uma elevada alcalinidade, afectará a fertilidade do solo a longo prazo. A alcalinidade provoca deficiências iónicas e toxicidades que podem perturbar o ciclo de crescimento das plantas. Os resultados mostraram que todos os solos cultivados seguem a via da alcalinização em diferentes graus. Embora estes resultados nos tenham dado uma ideia da alcalinização dos solos e da queda dos rendimentos, através de uma redução da fertilidade do solo, ainda temos de encontrar um meio simples e eficaz de combater o problema, compatível com as técnicas de cultivo e os recursos financeiros dos agricultores senegaleses.

Diouf, Gomis e Tchani (1997), *Le contact eau douce-eau de mer entre Dakar et Saint-Louis*, colloque, ORSTOM, Laboratoire de Géophysique, 138 p, mostram o interesse hidrogeológico do método elétrico que pode ser utilizado para seguir a evolução do equilíbrio dos aquíferos costeiros da zona de *Niayes*. Trata-se de um interessante estudo geofísico por sondagens eléctricas, realizado ao longo da costa entre Dakar e Saint-Louis, no âmbito do projeto "Gestion des nappes des *Niayes*". O estudo determinou a morfologia da interface entre os aquíferos de água doce e de água salgada ao longo da costa, a fim identificar as zonas vulneráveis à invasão da água do mar. O objetivo é gerir o aquífero através da monitorização constante da salinidade. Nesta investigação, os autores não destacaram as consequências para as actividades de horticultura na zona, o que teria sido interessante.

Boivin, Favre, e Maeght (1998), *Les sols de la Moyenne vallée du fleuve Sénégal : caractéristiques et évolution sous irrigation,* artigo, ORSTOM, Institut Français de Recherche Scientifique pour le développement en Coopération, École Polytechnique Fédérale de Lausanne, IATE-Pédologie, Lausanne, 245 p, tentam responder à questão do impacto das culturas de regadio sobre o recurso solo. Reconstruíram parcialmente a evolução dos solos cultivados, comparando o solo nu com o solo cultivado. O estudo clarificou os balanços hídricos e as alterações geoquímicas das soluções através de análises funcionais pormenorizadas. Os resultados sugerem que os solos estão parcialmente numa trajetória alcalina e salina. Este estudo fornece informações adicionais sobre a relação entre a irrigação e a degradação do solo. As consequências da salinidade para as actividades agrícolas, como a horticultura, estão também por demonstrar.

Ndour (2001), *La dégradation des sols au Sénégal : l'exemple de deux communautés rurales (Kaymor et de Mont Rolland)*, dissertação, UCAD, 314 p, faz o ponto da situação sobre os factores determinantes da degradação dos solos no Senegal, no período de 1988 a 2000, utilizando dados demográficos e agrícolas e a análise de imagens Landsat TM. O estudo mostra que os rendimentos agrícolas continuam a ser extremamente baixos. A reflexão do estudo sobre o impacto da degradação dos solos na agricultura é muito interessante. No entanto, o relatório não quantificou o nível de degradação dos solos com base em dados científicos.

Jacoutot (2006), *Modifications environnementales et conséquences dans le Bas-delta du fleuve Sénégal,* dissertação, Université Joseph Fourier, 174 p, discute as actividades socioeconómicas que dependem em grande medida dos recursos naturais no ambiente deltaico. O estudo relaciona as actividades socioeconómicas, como a horticultura de mercado, com as alterações ambientais. Apresenta bons resultados sobre a salinização da terra e da água nos Gandiolais. Trata-se de um estudo muito pertinente em termos de resultados científicos sobre a salinização dos solos, das águas superficiais e das águas subterrâneas, com dados piezométricos que mostram uma descida do nível do lençol freático nas areias quartzosas da zona norte de *Niayes*. Os dados sobre a diminuição dos rendimentos agrícolas não constam deste relatório.

Diallo (2006), *Aménagements hydrauliques et mutations du Bas-estuaire du fleuve Sénégal : Impacts sur la nappe des sables dunaires du Gandiolais,* dissertação, UCAD, 79 p., discute os principais impactos dos desenvolvimentos hidráulicos no lençol freático superficial do Gandiolais. Os resultados do estudo revelam uma diminuição dos níveis piezométricos e da salinidade do lençol freático, bem como o efeito combinado de condições climáticas desfavoráveis. As análises da água efectuadas mostram que a salinidade provém principalmente das águas de rega. Os resultados confirmados pelo nosso estudo poderiam ser reforçados pelas consequências da salinização sobre as actividades agrícolas, nomeadamente a horticultura.

Diallo, Ndiaye, Saleh, Tine, Diop, e Guissé (2015), em *Étude comparative de la salinité de l'eau et des sols dans la zone Nord des Niayes (Sénégal),* Science Journal, Vol. 23, pp. 101-111, avaliaram a acidez e a salinidade da água de irrigação e do solo, com sete perfis de solo que foram descritos e a sua granulometria determinada. O estudo mostrou que a salinidade é mais elevada à superfície do que em profundidade, na zona norte do Niayes, com duas subzonas: uma parte continental sujeita a uma acidez mais elevada e uma parte costeira sujeita a uma salinização elevada, o que limita consideravelmente a produção agrícola, mas teria interessante dispor de dados sobre as consequências para as actividades agrícolas.

Niang (2017), *Dégradation chimique et mécanique des terres agricoles du Gandiolais (littoral Nord du Sénégal), analyse des dynamiques actuelles d'adaptation*, tese, UGB, 355 p., mostrou através de medições *in situ* a CE e a qualidade da água, com base na abordagem hidroquímica. Com base nos dados hidroquímicos, conseguiu evidenciar salinidades elevadas das águas subterrâneas na orla costeira, com algumas anomalias no interior. Os resultados das análises mostram que a salinização é devida a sulfatos, cloretos, cálcio, magnésio, sódio e potássio. O estudo mostra que a origem destes elementos está diretamente relacionada com a intrusão passada e presente e que a irrigação com estas águas deve ser evitada numa grande parte da região de Gandiolais. A abordagem geoquímica permitiu determinar a baixa salinidade dos solos explorados, que não retêm os diferentes sais observados águas de irrigação. As análises dos solos (nas estações seca e chuvosa) não revelaram qualquer concentração de sais neste complexo arenoso. No entanto, foram observadas salinidades moderadas em certos pontos de medição, indicando uma certa concentração subsuperficial. O estudo mostra que a salinidade da solução do solo é o principal mecanismo para aumentar o efeito de osmose, o que leva a uma produção vegetal muito baixa. Daí a pertinência deste estudo, que demonstra, com base em dados científicos, que a salinidade dos Niayes provém principalmente da água e não do solo. O estudo mostra que a degradação das condições de produção das hortas é a soma uma multiplicidade de forças, das quais a degradação da qualidade da água é o principal fator do atual abrandamento do sistema de hortas em Gandhi. A comparação dos resultados obtidos permite ter uma ideia da evolução da situação e das suas consequências para as actividades de horticultura comercial.

O principal contributo destes documentos reside na sua capacidade de chamar a atenção para a salinização dos solos e das águas, que está a aumentar à escala nacional. Estes autores tentaram apresentar soluções a partir da colocação do problema. Através destes estudos, ficámos a conhecer as realidades no terreno. Em todo o caso, as consequências da salinização sobre as culturas de mercado não forneceram dados estatísticos satisfatórios, no âmbito do estado da arte. Os fundamentos teóricos iluminam melhor a posição do presente estudo que, através dos dados científicos obtidos, mostra as consequências da salinização sobre as actividades de horticultura.

2. Fundamentos teóricos

2.1. Questões

Os *Niayes* fornecem cerca de 60% da produção de legumes do Senegal (SONED, 2013). Nos últimos anos, a horticultura comercial da zona foi comprometida pelo aumento da salinidade, agravado pela pressão sobre o lençol freático. A agricultura periurbana tornou-se uma atividade essencial e de elevado valor acrescentado no fornecimento de produtos frescos às grandes cidades. Na região de *Niayes*, este tipo de agricultura, desenvolvida num contexto de elevado défice hídrico e de pobreza dos solos, é praticada intensivamente devido ao forte crescimento demográfico e à rápida urbanização. A utilização excessiva de produtos químicos e a pressão sobre as terras (com o desaparecimento dos períodos de pousio) estão a provocar a diminuição dos rendimentos e o abandono de várias parcelas.

Em 2018, os *Niayes* continuam a sofrer de um problema de salinização, com uma redução das áreas de hortas, uma situação sentida nos nossos locais: Lago Wouye, Lago Tanma, Taré e Darou Mboumbaye. Nestas zonas, as hortas estão a desaparecer, o que leva a uma redução das terras aráveis. As áreas de hortas são afectadas pela salinidade, o que levou ao abandono de várias parcelas. Nas parcelas que continuam a ser cultivadas, a produção diminuiu nos últimos anos. Em Gandiolais, a proximidade da Langue de Barbarie (LB), que constituía uma vantagem para o desenvolvimento das hortas (lençol freático pouco profundo), tornou-se uma desvantagem desde a abertura da brecha na LB em 2003. A brecha provocou a infiltração de sal no lençol freático, poluindo os poços utilizados para a horticultura. A salinização do lençol freático está a ter um impacto na produção hortícola, pois a alcalinização dos solos torna-os cada vez menos férteis para as hortas. A subida do lençol freático deu lugar a uma água cada vez mais salgada, o que constitui uma ameaça para as hortas. Nos últimos anos, a diminuição da pluviosidade teve um impacto negativo no lençol freático, que baixou (provocando a subida dos sais fósseis por ação termocapilar), o que limita as culturas hortícolas da zona. O agravamento do clima nos últimos anos, associado à sobre-exploração da QNQ (a sul), provocou uma descida do nível do lençol freático em certas zonas.

Em 2018, um grande número de parcelas de hortas está a ser abandonado devido à infertilidade. Nas nossas zonas de estudo, muitos horticultores preferiram abandonar as suas parcelas, que já não são rentáveis. As alterações climáticas provocaram o avanço do mar em direção à costa, com a intrusão da cunha salina na NSQ. As parcelas de hortas situadas perto do mar e do rio Senegal estão cada vez mais sujeitas à intrusão salina, o que tem repercussões nas actividades de horticultura e, por conseguinte, nos rendimentos.

Esta investigação, efectuada na região de *Niayes* (Dakar, Thiès, Louga, Saint-Louis), incide sobre a salinização e os seus efeitos na horticultura comercial.

2.2. Questões de investigação

A principal questão de investigação é: Quais são as dinâmicas salinas dos Niayes e as suas consequências para a horticultura de mercado? A questão principal é subdividida em duas questões secundárias:

- O que causa a salinização?
- Quais são as consequências da salinização sobre as actividades e os rendimentos da horticultura comercial? Através das questões de investigação, delimitaremos o campo de investigação da pesquisa.

2.3. Definição do domínio de investigação

Esta investigação limita-se à Grande Costa do Senegal, que abrange a zona dos Niayes, desde a região de Dakar até à região de Saint-Louis. Isto permite compreender a dinâmica da salinização nos *Niayes* e o seu impacto na horticultura comercial. Desde os anos 70, os *Niayes* têm sido confrontados com problemas ambientais (seca, diminuição da pluviosidade, descida do nível do lençol freático, alcalinização dos solos, salinização das águas de irrigação, etc.), que tiveram um impacto na horticultura comercial (principal atividade da região). Os objectivos da investigação foram definidos através da delimitação do campo de investigação.

2.4. Objectivos da investigação

O principal objetivo desta tese é estudar a salinização nos *Niayes* e o seu impacto na horticultura de mercado.

No âmbito do objetivo principal, definimos os seguintes objectivos específicos:

- estudar as causas da salinização dos *Niayes* ;
- analisar as consequências da salinização na horticultura comercial.

A justificação da escolha do tema mostrou o interesse desta investigação.

2.5. Justificação da escolha do tema e do interesse da investigação

Desde os anos 80, a salinização na zona *de Niayes* tem suscitado grande interesse (Diakhaté, 1986). Neste contexto, foram realizados estudos por (Fall et *al*, 2001; Diallo, 2006; Ba, 2008; Diallo et *al*, 2009; Ndiaye et *al*, 2012; Diallo, Ndiaye, Saleh, Tine, Diop e Guissé, 2015; Niang, 2017; Sène, Sarr, Kane e Diallo, 2018), fornecendo resultados científicos sobre a salinização ou alcalinização, através de análises aprofundadas dos recursos naturais (solo e água). A escolha do tema é favorecida pelos resultados da nossa dissertação de DEA, que mostrou uma degradação das terras agrícolas no lago Wouye em Malika em 2007. Este facto despertou o interesse pela degradação das terras agrícolas nos *Niayes*. Este estudo identifica o problema da salinidade, que ameaça a sobrevivência das actividades de horticultura comercial nos *Niayes* nos quatro subgrupos regionais (os *Niayes* de Dakar, Thiès, Louga e Saint-Louis). O nosso trabalho procura compreender a evolução do fenómeno da salinização nos *Niayes*, com vista a uma síntese mais ampla. Para além disso, os *Niayes* são uma zona onde estão em jogo muitas questões. Desempenham um papel importante na economia nacional devido às suas diversas potencialidades: horticultura, avicultura, etc. No entanto, a horticultura comercial continua a ser a principal atividade do sistema de produção tradicional. O estudo em curso sobre as consequências económicas da salinização ajuda-nos a compreender os constrangimentos das zonas de horticultura e a identificar os factores-chave que devem ser abordados para preservar o ecossistema *de Niayes*, que é a principal fonte de sobrevivência milhares de agricultores. Os nossos locais de estudo são áreas importantes do ponto de vista ambiental, social e económico, daí a importância que lhes atribuímos. O desenvolvimento da horticultura de mercado levou à alcalinização ou salinização do solo e da água. Os *Niayes* foram escolhidos por várias razões, as mais importantes das quais são :

- a sobre-exploração dos recursos naturais, como a água e o solo;
- a utilização excessiva de produtos químicos na agricultura ;
- o avanço do mar devido às alterações climáticas; - a salinização.

Todos estes factores justificam o nosso interesse por este ambiente e pelo desenvolvimento da jardinagem de mercado, daí a formulação das hipóteses de investigação.

2.6. Hipóteses de investigação

A hipótese principal é a seguinte: o processo de salinização do rio Niayes tem consequências negativas para as actividades de horticultura comercial. Duas hipóteses secundárias decorrem da hipótese principal:

- A salinização do *Niayes* resulta tanto de causas naturais como de causas antrópicas.
- a salinização do Niayes provocou uma diminuição significativa do rendimento das hortas comerciais.

Para melhor compreender o tema desta investigação, os conceitos-chave.

3. Base concetual (quadro operacional)

3.1. Definição concetual

Para uma melhor compreensão do objeto desta investigação, foram elucidados alguns conceitos: salinização, consequências, horticultura de mercado.

A salinização é um aumento do teor de sais do solo ou da água suscetível de ter um impacto negativo na vegetação ou nas actividades agrícolas (horticultura comercial). É o enriquecimento de um solo em sais solúveis, levando à formação de um solo salino (Hosni, 2009). O fenómeno é mais ativo em solos com pouca ou nenhuma lixiviação e evaporação intensa (regiões áridas), ou nas partes baixas das zonas costeiras em solos com baixa permeabilidade (dictionnaire de l'agriculture, 2013). Trata-se de uma acumulação de sais no solo, que reduz os rendimentos e pode danificar irremediavelmente as terras agrícolas (FAO, 2002). A salinização de um solo implica um enriquecimento excessivo em sais solúveis (cloretos, sulfatos, carbonatos, etc.) de sódio, magnésio ou cálcio (König, 2006). Um solo é considerado salgado quando o seu teor em sais solúveis ultrapassa 1 a 2% nos 20 centímetros superiores (Mainguet, 1995). Este é o processo pelo qual os sais se acumulam no solo. A salinidade do solo afecta o crescimento das plantas (ciclos vegetativos), reduzindo a sua capacidade de absorção de água (Eilers, al, e Sampson, 1995).

No nosso caso, a salinização pode ser considerada como a concentração de sais solúveis no solo, que em grandes quantidades tem consequências negativas nas actividades agrícolas, justificando uma quebra de rendimento. Por isso é tão importante entender o conceito de consequência, para melhor compreender os efeitos da salinização nas terras agrícolas.

A consequência é o resultado de um conjunto de acontecimentos provocados por uma ação. É necessariamente produzida por algo, o resultado lógico de uma causa ou de uma ação. No caso desta investigação, são os efeitos induzidos pela salinização dos solos, susceptíveis de destruir parcial ou definitivamente as áreas de horticultura comercial na zona *de Niayes*, com a perda de vários hectares de terras aráveis e uma diminuição dos rendimentos. A compreensão do conceito de horticultura comercial permitirá ter uma visão mais clara das consequências da salinização sobre as actividades de horticultura comercial, justificando a definição do conceito.

A maraìchage é a cultura de legumes, frutas, ervas aromáticas e flores para fins alimentares, para uso pessoal ou profissional. Pode ser intensiva ou tradicional, ao ar livre ou sob coberto. A horticultura comercial na região *de Niayes* aumentou com a seca dos anos 70, o que levou os agricultores a considerarem a possibilidade de passar para a horticultura comercial (Enda Graf, 2003). A horticultura comercial na região *de Niayes* é uma forma de aproveitar ao máximo as terras situadas nas bacias, com pequenas explorações agrícolas. Ela desempenha um papel importante nas actividades das pessoas. É praticada como um meio de complementar o rendimento, combinada com outras actividades ou como atividade principal. É uma cultura potencialmente rentável, graças a um mercado nacional dinâmico. Nas nossas zonas de estudo, é praticada de forma tradicional, com recurso a instrumentos manuais rudimentares. As variáveis e os indicadores permitirão uma melhor operacionalização dos conceitos.

3.2. Colocar os conceitos em prática

A operacionalização dos conceitos implica a escolha de variáveis e indicadores antes de mostrar a relação entre as hipóteses e as variáveis.

Quadro 1: Seleção de variáveis e indicadores

Conceitos	Dimensões	Variáveis	Indicadores
Causas da salinização nos Niayes	Antropogénico	Utilização de produtos químicos, bombagem do lençol freático, alargamento da brecha a sul de Saint-Louis	Quantidade de produtos químicos utilizados, nível piezométrico, largura da brecha (dispersão espacial da intrusão marinha)

	Natural	Seca nos anos 70, variabilidade da precipitação, evapotranspiração significativa, erosão costeira ativa.	Quantidades de precipitação por ano, necessidades de evaporação, nível do mar.
Consequências da o salinização de Niayes	Social	Produtividade do solo, terras aráveis, rendimentos agrícolas, abandono de terras, bombagem de poços longe de terras degradadas, adição de matéria orgânica (MO)	Superfícies perdidas ou abandonadas (em ha), Área cultivável, produção em toneladas por área, volume de água/dia, quantidade de OM

O modelo de análise permite esclarecer melhor o nosso estudo.

4. Modelo de análise

O modelo de análise concetual sobre a salinização e as suas consequências é integrado na abordagem metodológica.

Figura 12: Modelo de análise concetual

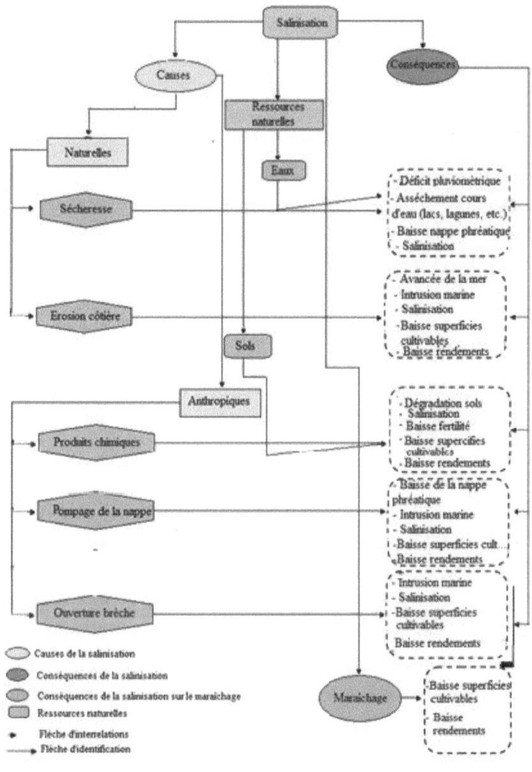

O modelo de análise reúne as causas da salinização e as suas consequências, com a diminuição dos rendimentos a longo prazo. O modelo identifica os recursos afectados (água e solo) e as actividades económicas vulneráveis (horticultura comercial), para que as hipóteses possam ser melhor integradas.

Conclusão

O capítulo 2 (Estado da arte, fundamentos teóricos e quadro operacional) apresenta o problema de investigação, os objectivos e as hipóteses, a fim de fazer avançar o estudo. O capítulo 3 trata abordagem metodológica e das suas diferentes etapas.

Capítulo 3

Abordagem metodológica (instrumentos e métodos)

A abordagem metodológica diz respeito a ferramentas e métodos. Centra-se na recolha de dados no terreno, com recolha de amostras de solo e de água para análise laboratorial e tratamento de dados. Desempenha um papel importante nesta investigação, centrando-se no estudo detalhado das diferentes acções realizadas no decurso deste trabalho. Baseia-se numa combinação de métodos qualitativos e quantitativos, cuja primeira fase é a recolha de dados no terreno.

1. Dados de campo

No terreno, foram realizadas várias etapas em momentos diferentes, em 2010 e 2018. A primeira etapa foi realizada nos *Niayes* de Pikine na região de Dakar (Comuna de Malika) em abril de 2010 para observar a evolução da situação em relação à investigação já realizada em 2006 e 2007 no âmbito da nossa tese de mestrado e DEA. O primeiro local de estudo foi o lago Wouye em Malika. Foi efectuado um inquérito preliminar para determinar se o problema de salinidade observado nos *Niayes* de Pikine em Dakar era geral ou localizado. Por esta razão, após a nossa investigação DEA (2007), o local foi revisitado em 2010 para realizar os nossos primeiros inquéritos noutras regiões, com o objetivo de obter informações sobre os problemas de salinidade e selecionar locais de estudo.

Este trabalho de campo inicial forneceu provas teóricas de que as outras regiões dos *Niayes* também estavam a enfrentar problemas de salinidade. Era necessário verificar cientificamente a informação teórica, razão pela qual foram recolhidas amostras de solo e de água. Este trabalho não difere dos estudos já efectuados na zona de *Niayes*, e os nossos dados são comparados com dados científicos obtidos em datas anteriores e mais recentes. Verifica-se que o meio estudado é muito dinâmico, tal como o fenómeno estudado. Por esta razão, comparamos os nossos resultados com os já obtidos, para avaliar a dinâmica atual. Na mesma linha, realizámos uma segunda atividade de campo em julho de 2018, para realizar novas amostragens de solo e água, a fim de ter dois anos de referência para comparar os resultados. Estas actividades de campo em 2010 e 2018 forneceram dados quantitativos (amostras de solo e água, entrevistas) e qualitativos (resultados de análises laboratoriais).

2. S es de prélèvements

Os locais de amostragem foram escolhidos nas proximidades do lago Wouye, do lago Tanma, nos jardins do mercado da aldeia de Taré no município de Léona e na aldeia de Darou Mboumbaye no município de Ndiébène Gandiol. Para os quatro sítios, trabalhámos com dois horizontes de 15 cm por referência. Para o lago Wouye, as amostras foram recolhidas em 2007, 2010 e 2018, começando pela parcela mais próxima do lago.

No lago Tanma, as amostras são recolhidas dos campos em direção ao lago. Na aldeia de Taré, situada junto à Langue de Barbarie, o ponto de referência é a posição do rio em relação às parcelas. Na aldeia de Darou Mboumbaye, as amostras são colhidas nas parcelas situadas a sul da aldeia, a leste. Em Darou Mboumbaye, Dické D. (2018) relata que as parcelas amostradas em 2010 e 2018 (incluindo a sua) estão localizadas a cerca de 2 km do rio Senegal e a 2,5 km do lago Thième, onde o sal é recolhido durante a estação seca. É importante conhecer a distância entre as parcelas amostradas e o rio, em relação aos efeitos da brecha no Gandiolais.

Foto 3: Amostragem do solo em 2010 e 2018

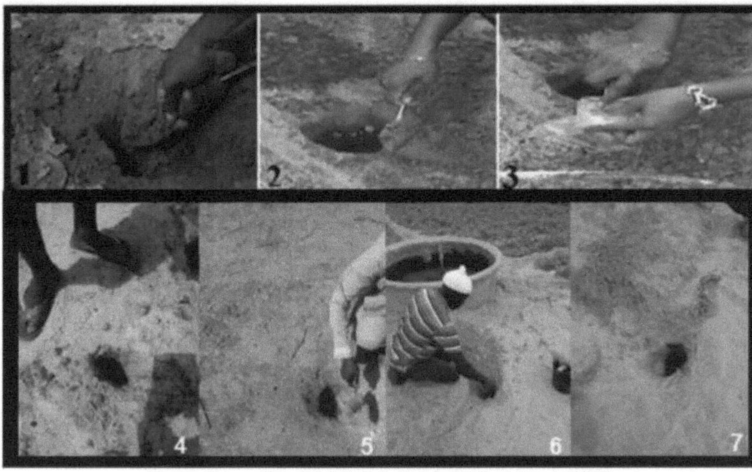

Fonte: Fotografias de M. Fall (junho de 2010 e julho de 2018)

As fotografias mostram amostras colhidas em 2010 e 2018. As imagens 1, 2 e 3 mostram amostras colhidas em 2010 (Lago Tanma, Taré e Lago Wouye) e as imagens 4, 5, 6 e 7 mostram amostras colhidas em 2018 (Taré, Lago Tanma, Darou Mboumbaye e Lago Wouye). Foram utilizadas as mesmas técnicas de amostragem nos quatro sítios.

3. Amostragem

O estudo da salinização exigia uma observação sazonal: estação seca, estação das chuvas. A estratégia de amostragem do solo e da água baseou-se nos contrastes sazonais. A amostragem do solo e da água (lagos, poços, rio) foi realizada na estação secadurante os meses de abril, maio e junho de 2010, para medir o pH e a condutividade eléctrica (CE), no laboratório de fertilidade do solo do SAED.

Em 2018, as amostras recolhidas durante a estação das chuvas, em julho, e depois analisadas no laboratório de hidroquímica da UCAD.

Em 2010, as amostras de solo e de água recolhidas nos locais de estudo foram analisadas para determinar os valores de pH e de condutividade eléctrica (CE).

Em 2018, foi efectuada uma análise química completa das amostras de água para determinar as caraterísticas químicas água de irrigação. Esta escolha foi feita com base nos resultados de 2010, que justificavam uma análise química completa da água.

[4]A amostragem do solo foi efectuada em zonas de hortas cultivadas e não cultivadas (parcelas abandonadas) devido à salinização, utilizando uma espátula e uma colher de sopa. Nas regiões de Dakar e de Thiès, as parcelas foram selecionadas em função da sua proximidade dos lagos Wouye e Tanma. Nas regiões de Louga e Saint-Louis, a escolha foi orientada pelas parcelas cultivadas. As parcelas não cultivadas ou abandonadas foram selecionadas em função da sua proximidade com as parcelas cultivadas. Para todas as amostras, foi efectuada uma amostragem orientada (tipo julgamento). O tipo de amostragem escolhido tem em conta a

[4] Para recordar, a partir de 250 mho temos o início da salinidade para a condutividade eléctrica: CE. O ohm é usado para medir a salinidade, e o seu oposto é o mho, que é expresso em mmho (milimho). Mho = 1 mmho/cm / Ohm (se for igual a 250 mho/cm), temos o início da salinidade. O arroz pode suportar até 2000 mho/cm devido a um problema de reagentes.

influência dos lagos, do rio e da cunha salina sobre as caraterísticas químicas da água de irrigação. Em cada um dos locais, foram escolhidos 7 pontos de referência, distanciados 10 m cada um, em 2010, para ler as variações do pH e da CE à medida que a distância do primeiro ponto aumenta, e 3 pontos de referência, distanciados pelo menos 100 m, em 2018. Foi escavado um poço de 30 cm nos pontos de referência. Para a amostragem superficial, os níveis são de 0 a 15 cm e de 15 a 30 cm para a amostragem profunda, correspondendo ao volume radicular das culturas hortícolas: cebolas, malaguetas, couves, cenouras, beringelas, etc. Isto dá um total de 56 amostras em 2010 e 24 amostras em 2018. Todas as amostras foram do tipo compósito, em que escolhemos os locais de amostragem de forma aleatória, tendo em conta as parcelas abandonadas devido à salinização e as ainda aptas para o cultivo. As amostras de água (6 em 2010 e 12 em 2018) foram recolhidas de poços em parcelas cultivadas e não cultivadas, no lago Wouye e no rio Senegal. As amostras foram recolhidas na lagoa (rio) Mboumbaye em Taré (o rio fica perto da aldeia). Para as análises físico-químicas, foram recolhidas amostras no reverso da praia-barreira e no continente, a fim avaliar o nível de difusão da cunha salina.

3.1. Técnicas de amostragem e unidades de amostragem

Foram recolhidos dois tipos de amostras de solo em 2010 e 2018, com 100 g/saco. Em 2018, as amostras foram recolhidas nas mesmas parcelas que em 2010. A figura 13 mostra um diagrama esquemático da recolha das amostras.

Figura 13: Diagrama de amostragem do solo

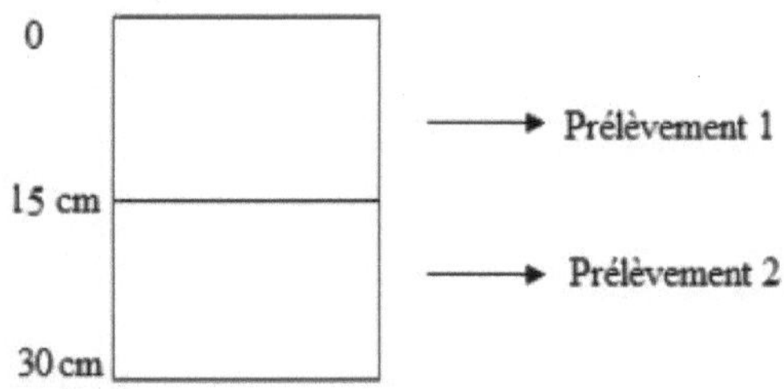

As amostras de água foram recolhidas cuidadosamente para minimizar o risco de contaminação, utilizando garrafas limpas. No total, foram recolhidos cerca de 30 litros de água de poços em parcelas cultivadas e não cultivadas, no lago Wouye e no rio Senegal, em 2010 e 2018. Em 2010, foram recolhidos 12 litros de água (Lago Wouye 1,5 litros, Lago Tanma 3 litros, Taré 4,5 litros, Darou Mboumbaye 3 litros) e 18 litros em 2018 (Lago Wouye 3 litros, Lago Tanma 4,5 litros, Taré 6 litros, Darou Mboumbaye 4,5 litros). Por razões de segurança, não foram recolhidas amostras de água do Lago Tanma em 2010, devido ao difícil acesso e ao solo instável à sua volta (demasiado escorregadio, risco de afundamento). Em julho de 2018, o lago estava completamente seco. As nossas amostras de água de poço foram recolhidas nas mesmas parcelas onde foram recolhidas as amostras de solo. Foram conservadas em garrafas limpas de 1,5 litros e transportadas para o laboratório do SAED em 2010, e para o laboratório de hidroquímica da UCAD em 2018, com todas as informações relativas à amostragem: local, localização, data, hora.

Figura 14: Pontos de amostragem

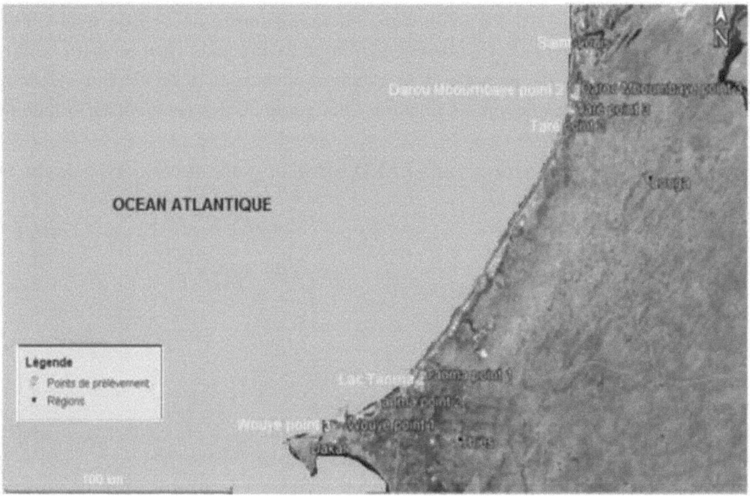

3.2. Processamento e análise de dados

Os parâmetros físico-químicos medidos (solo e água) foram a CE e o pH em 2010, exceto para a água do lago, onde adicionámos bicarbonato, cloro, sulfato, nitrato, sódio, potássio, magnésio e cálcio (perfil químico da água). Em 2018, o bicarbonato, o cloro, o sulfato, o nitrato, o sódio, o potássio, o magnésio e o cálcio (perfil químico da água de rega) são medidos em laboratório.

Os métodos quantitativos e qualitativos utilizados nesta investigação baseiam-se em duas abordagens analíticas. Os resultados das entrevistas com os horticultores foram tratados estatística e graficamente, nomeadamente em termos de superfície e de rendimento. Para as superfícies, o cálculo é efectuado com base no número de parcelas. As superfícies perdidas em 2019 são calculadas com base no número de parcelas perdidas por ano e na superfície por parcela. Os dados secundários provenientes estado da técnica, da observação direta ou das entrevistas foram analisados e tratados à medida que foram chegando.

3.3. Tratamento laboratorial

No âmbito do tratamento laboratorial, foram efectuadas várias diligências para analisar as amostras colhidas nos sítios.

Foto 4: Secagem das amostras (acondicionamento)

Fonte: Fotografias de M. Fall (setembro de 2007 e outubro de 2010)

Para analisar as amostras, o pH é determinado com uma amostra de 20 g de areia e 50 ml de água destilada. A condutividade eléctrica (CE) é medida tomando uma amostra de 20 g de areia e 100 ml de água destilada (que será de 5 eS/cm), mais água destilada, que é deixada em repouso durante 30 minutos depois de misturar bem a água e a areia. Colocar o medidor de pH a 25°C e regular para pH.

Foto 5: Análise do pH no laboratório do SAED com o medidor de condutividade em 2007 e 2010

Fonte: Fotografias de M. Fall setembro de 2007, outubro de 2010

Para a CE, são adicionados mais 50 ml de água destilada às amostras e é utilizado o medidor de condutividade para a medir.

Foto 6: Análise CE no laboratório do SAED, utilizando água destilada em 2010

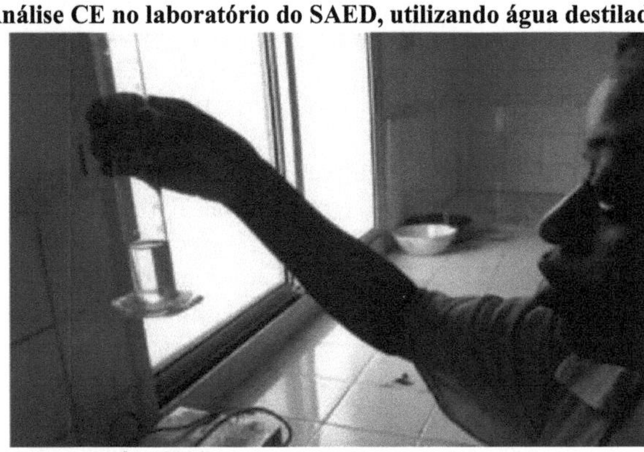

Fonte: Photo M. outono outubro 2010

Em 2018, as análises foram efectuadas no laboratório de hidroquímica da Universidade Cheikh Anta Diop de Dakar (UCAD).

Foto 7: Processamento de amostras no laboratório de hidroquímica da UCAD em 2018

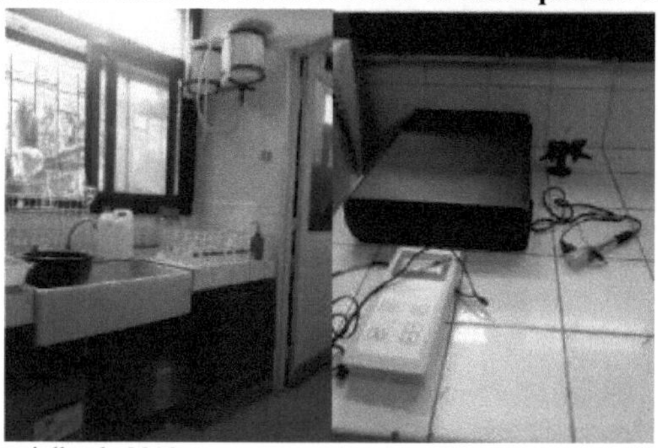

Fonte: Foto M. outono julho de 2018

A escala de Bocoum (2004, Quadro 2) foi utilizada para avaliar os resultados do pH e da salinidade (CE) das amostras de solo.

Quadro 2: Avaliação do pH e da salinidade (Bocoum, 2004)

pH		Condutividade eléctrica (CE)	
Gamas de pH	**Solo**	**CE ^s/cm)**	**Solo**
< 4,5	Extremamente ácido	< 250	Não salino
4,6 - 5,2	Muito ácido	250 - 500	Ligeiramente salgado
5,3 -5,5	Ácido	500 - 1000	Sal
5,6 - 6,0	Moderadamente ácido	1000 - 2000	Muito salgado
6,1 - 6,6	Ligeiramente ácido	>2000	Extremamente salgado
6,7 - 7,2	Neutro	-	-
7,3 - 7,9	Ligeiramente alcalino	-	-
8,0 - 8,5	Alcalino	-	-
>8,6	Muito alcalino	-	-

Fonte: Diallo M. D et *al* (2015)

Para interpretar o pH, tivemos em conta o estado ácido-base dos solos do projeto PNUD/FAO (quadro 3).

Quadro 3: Estado ácido-base dos solos de acordo com o projeto PNUD/FAO

Escala	0	2	3	4	5	6	
pH	4 4.5	5	5.5		6 6.5 7 7.5 8 8.5		
Grau	Muito ácido	Ácido		Ligeiramente ácido	Neutro	Pouco alcalino n	Alcalino

Fonte: Projeto PNUD/FAO, 1973

O tratamento da água foi efectuado no laboratório do SAED em 2010 e no laboratório de hidroquímica da UCAD em 2018. O pH foi medido com um medidor de pH já calibrado. O elétrodo é imerso na solução a analisar. A solução é agitada suavemente e deixada em contacto durante 20 a 30 segundos. Repete-se a operação até três vezes efetuar a leitura. Esperar que o pH fique estável (entre 30 segundos e um minuto). [5]Para a condutividade

4Calibrar: verificar (uma medição) por comparação com um padrão (solução tampão que mantém aproximadamente o mesmo pH apesar da adição de pequenas quantidades de um ácido ou de uma base).

eléctrica, o medidor de condutividade deve ser calibrado com uma solução de KCL de concentração e condutividade conhecidas. O elétrodo é imerso na amostra, de modo a que a condutividade da amostra possa ser lida diretamente no instrumento em ^S/cm ou (mS/cm). Após cada medição, o elétrodo é lavado. As leituras são efectuadas a uma temperatura constante de 25°C. O processamento estatístico e gráfico permitirá obter mais informações sobre os resultados laboratoriais.

3.4. Processamento estatístico e gráfico

As estatísticas e os gráficos foram processados com recurso a folhas de cálculo Excel e ao software de diagramas. Isto permitiu a elaboração de diagramas e outros gráficos, acompanhados de comentários para apoiar as análises. Os dados das análises laboratoriais são apresentados em diagramas de Schoiller Berkaloff e Piper, para mostrar as fácies químicas. Os dados dos levantamentos *in situ*, tais como as áreas perdidas e os rendimentos, são apresentados em diagramas de faixas, para facilitar a sua leitura. Para a cartografia, trabalhámos com sistemas de informação geográfica (SIG). Alguns dos mapas foram produzidos pelo DTGC em Dakar.

3.5. Inquéritos de campo

Os inquéritos de campo forneceram mais informações sobre a salinização do solo nos sítios-alvo. Eles permitiram saber se os horticultores são confrontados com a salinização e quais são as consequências para a horticultura comercial. Para realizar corretamente os nossos inquéritos, a estratégia de recolha de dados teve lugar nas comunas de Malika e Diender, e nas aldeias de Taré e Darou Mboumbaye, junto dos horticultores. Esta parte foi realizada através da aplicação de um guião de entrevista às ONG (Enda graf, aldeia Millennium) e aos horticultores, para conhecer a situação da salinização nos *Niayes* e as suas consequências para a horticultura comercial.

Foram organizadas entrevistas nas regiões de Dakar, Thiès, Louga e Saint-Louis, utilizando um guia de entrevista, com parceiros que apoiam programas de desenvolvimento local e alguns horticultores. As entrevistas foram realizadas com os diferentes actores, com base em guias de entrevista enviados aos horticultores, para obter informações sobre as actividades de horticultura comercial. As entrevistas incidiram principalmente sobre a salinização, a horticultura comercial, os rendimentos, as superfícies perdidas e as perspectivas de luta contra a salinização. Foram elaboradas tendo em conta as hipóteses e os indicadores, a fim de dar resposta às nossas diferentes questões de investigação. Os dados foram recolhidos junto dos horticultores em colaboração com as MPE existentes (3) e os chefes de aldeia, através de entrevistas. A razão para trabalhar com as MPEs e os chefes de aldeia é que a maioria dos horticultores são membros do grupo e enfrentam os mesmos problemas em relação à horticultura comercial. As MPEs e os chefes de aldeia são pessoas que conhecem todos os problemas da horticultura comercial em sua área. Se eles não estiverem disponíveis, o chefe da aldeia põe-nos em contacto com pessoas que podem responder às nossas perguntas. Foram realizadas entrevistas com agentes de desenvolvimento que trabalham em colaboração com os horticultores, tais como Enda Graf, ARD e Millennium Village, para conhecer a sua opinião sobre o nível de degradação e salinização dos solos nos locais, as acções já realizadas ou em curso neste domínio e as perspectivas e estratégias de luta contra a salinização.

Conclusão

O Capítulo 3 forneceu as informações necessárias para esta tese. A revisão da literatura e a recolha de dados foram muito úteis. O tratamento dos dados recolhidos através da amostragem do solo e da água e dos inquéritos de campo forneceu resultados satisfatórios para atingir os nossos objectivos de investigação. A parte metodológica foi a base do nosso trabalho. Graças ao estado da técnica, dispusemos de uma vasta documentação para a nossa investigação. Esta parte permitiu-nos descobrir o que já tinha sido feito e o que podíamos contribuir para o processo científico, a fim de ampliar os resultados já obtidos. Para além das constatações visuais feitas através da observação direta, as amostras de solo e de água recolhidas e analisadas confirmaram algumas suposições feitas durante as visitas ao terreno. O facto é que a agricultura nacional, nomeadamente nos Niayes, está ameaçada pela salinização. É essencial identificar as causas desta situação e determinar o nível degradação das terras de cultivo. É importante apresentar e descrever os resultados obtidos no âmbito desta investigação, daí a importância do Capítulo 4 do nosso estudo (apresentação e descrição dos resultados), que nos permite ver os resultados obtidos graças ao Capítulo 3 (abordagem metodológica), com o objetivo de verificar as nossas hipóteses de investigação.

Capítulo 4

Apresentação e descrição dos resultados

O sector da horticultura é muito dinâmico, com níveis de produção que indicam a sua viabilidade. Existe um grande número de actores (horticultores, ONG), cada um desempenhando um papel fundamental no bom funcionamento do sector. Cada um deles é um elo importante da cadeia de produção. Além disso, é um sector que apresenta um bom desempenho económico e financeiro. No entanto, o sector enfrenta uma série de dificuldades, como a salinização e a alcalinização das terras e das águas de irrigação. A verdadeira competitividade do sector será claramente visível na sua capacidade de lidar com os problemas de salinidade e alcalinidade, através de uma estratégia de adaptação. O processo de salinização é mais marcado pelas temperaturas elevadas durante a maior parte do ano, a erosão costeira, a drenagem limitada e a baixa pluviosidade, insuficientes para a lixiviação dos sais solúveis do solo. A apresentação e a descrição dos resultados mostram a situação da horticultura comercial e da salinização nas zonas de estudo, bem como uma síntese dos resultados.

1. Actividades de horticultura comercial nos locais de estudo

A horticultura comercial é a principal atividade em torno do lago Wouye e nas aldeias de Taré e Darou Mboumbaye. Em redor do lago Tanma, é a única atividade praticada. Nos nossos diferentes locais de estudo, existem vários tipos de culturas, que variam consoante a estação do ano e a disponibilidade de terra e água.

1.1. Os diferentes tipos de culturas nas parcelas

- O caso do lago Wouye

Em 2006, foram cultivadas várias culturas em torno do Lago Wouye, com predominância da cebola (*Allium cepa*, 18%), beringela (*Solanum melongena*, 15%), hortelã (*Mentha sp*, 13%), couve (*Solanum aethiopicum Kamba*, 9%), bissap (*Hibiscus sabdariffa*, 8%), cebola chinesa e cebolinha verde (*Allium fistulosum*, 6%).

Em 2007, foram registadas várias culturas, com predomínio da cebola (*Allium cepa*, 17%), seguida da folha de hortelã ou nana (*Mentha sp.*, 12%), do bissap (azeda: *Hibiscus sabdariffa*, 8%), da cebolinha (*Allium cepa*, 6%) e do pepino (*Cucumis sativas*, 4%).

Figura 15: Especulação em torno do Lago Wouye em 2006 e 2007

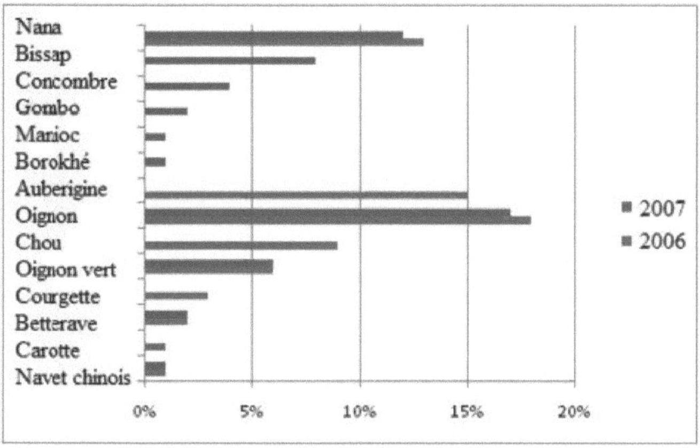

Fonte: Inquérito de dissertação de mestrado e DEA 2006 e 2007

Para além das culturas acima referidas, existem outras culturas que os agricultores cultivam habitualmente: feijão verde (*Phaseolus vulgaris*), batata doce (*Ipomea batatas*), malagueta, malagueta verde (*Capsicum*), alho francês (*Allium porum*), pimento (*Capsicum annuum*), alface (*Lactuca sativa*) e tomate (*Lycopersicum esculentum var.*).

Foto8: Plantação de malagueta e beringela no Lago Wouye em 2006

Fonte: Photo M. Fall julho de 2006

As imagens 1 e 2 mostram as plantações de malagueta e beringela encontradas no Lago Wouye em 2006.

É importante recordar a situação das actividades de horticultura comercial em torno do Lago Wouye em 2006 e 2007 (tese de mestrado e DEA). Para um acompanhamento mais regular do primeiro local (Lago Wouye em Malika), voltámos ao terreno em setembro de 2010 para avaliar a evolução da situação desde 2007. Cerca de 90% das parcelas em que trabalhámos tinham desaparecido sob as águas do lago, devido à sua transformação em bacia de retenção desde 2008.

Foto 9: Parcelas de tomate e de beringela destruídas pela água do lago e pela salinização em 2010

Fonte: Photo M. outono setembro 2010

As imagens 1 e 2 mostram plantações de tomate e de beringela inundadas pelas águas do lago Wouye. A amostragem e a análise do solo revelaram vestígios de alcalinidade, com valores de pH variando de 7,62 a 8,30. É de notar que a água do lago era extremamente salgada em 2010, com uma CE de 26680 µS/cm.

As zonas visadas pelo estudo de 2010 não registaram muitos trabalhos de horticultura comercial, com muitas plantas em mau estado. Este facto deve-se certamente às propriedades químicas do solo e da água de rega. A transformação do lago numa bacia de retenção teve consequências muito negativas para a horticultura comercial na zona (inundação das parcelas). A situação afectou principalmente as parcelas de planície em torno do lago (a maioria das parcelas). As plantações de legumes em 2010 (na parte sul) foram destruídas pela água, incluindo beringelas, tomates, quiabos, etc. As parcelas situadas no alto das dunas não foram afectadas, mas não são muitas.

Fotografia: Zonas de horticultura situadas no alto, a norte do lago Wouye

Fonte: Cliché Kâ 2014

Em 2018, apenas as parcelas mais altas a norte do lago não foram inundadas. São em menor número do que as do sul, e quase todas estão inundadas. A maioria dos agricultores (95%) tem parcelas na parte sul do lago. Este facto representa uma perda importante para a horticultura de mercado na zona.

- **Lago Tanma**

Em torno do lago Tanma, a fertilidade agronómica potencial dos solos calcários e margosos é propícia à horticultura comercial. A principal atividade é a horticultura comercial, sobretudo nas zonas sul, sudoeste e leste do lago, o que faz do lago Tanma uma importante fonte de rendimento. A bacia hidrográfica do lago foi convertida em horticultura comercial há 10 a 20 anos. As principais culturas são a batata, a batata-doce e a couve.

- **Situação em Taré**

Em Taré, a fertilidade das terras tornava a agricultura muito agradável. O acesso à água é fácil graças a um lençol freático pouco profundo (cerca de 2 a 3 m). O sítio é utilizado para a horticultura de mercado, uma vez que o terreno é ideal para esta atividade. As partes sul, sudeste e oeste do sítio são utilizadas para a horticultura. A maioria dos habitantes da aldeia são agricultores, que durante anos dependeram da horticultura comercial para a sua subsistência. As cebolas dominam a cultura, mas outras culturas, como a couve, também são aqui cultivadas.

- **Darou Mboumbaye**

Tal como Taré, a horticultura comercial desempenha um papel importante nas actividades económicas da aldeia de Darou Mboumbaye, com uma vasta gama de culturas, incluindo couves, cebolas e tomates. A abertura da brecha em 2003 teve um impacto negativo sobre estas culturas, pois a salinização continua a aumentar. A situação das parcelas permite esclarecer melhor a situação.

1.2 Localização das parcelas nos sítios de estudo

- O caso do lago Wouye

Em Dakar, a maior parte das parcelas de hortas no lago Wouye tinham uma dimensão de 1 ha, ou seja 10 000 m^2 (PLD, 2006). Em 2007, com o problema da alcalinização e da salinização, muitas parcelas tinham perdido vários metros quadrados da sua superfície inicial. Cerca de 51% das parcelas têm uma dimensão entre 1 ha e 3 ha. As parcelas de 3 ha são numerosas e pertencem a uma única família que as cultiva. Há também parcelas de 2 040 a 5 000 m2 que viram a sua superfície cultivável reduzida pelo avanço do sal. Mas as parcelas mais afectadas por este fenómeno são as de 100 a 1800 m2, que são as mais pequenas, representando 29% e 10% da superfície total.

Figura 16: Superfície das parcelas do lago Wouye em 2006 e 2007

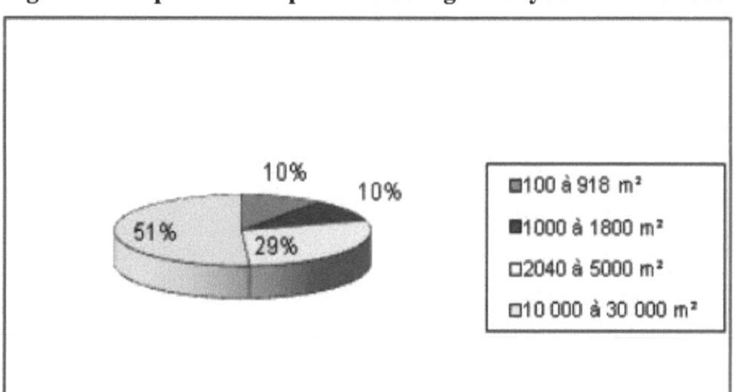

Perderam-se muitos terrenos devido à alcalinização dos solos e à salinização da água, com repercussões no rendimento e nas condições de vida dos horticultores. Os inquéritos efectuados em 2007 mostram que 50% dos agricultores perderam entre 100 e 300 m2 e 35%

entre 300 e 400 m2. Em 2010 e 2018, cerca de 90% das parcelas de hortas perderam-se devido ao avanço das águas do lago.

Figura 17: Superfícies perdidas em 2007

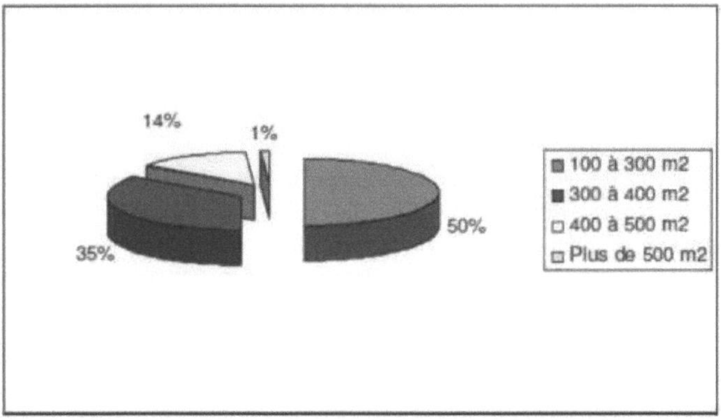

As consequências são a redução da produção, a destruição das plantações, a diminuição dos rendimentos e a redução do nível de vida. As culturas que se perderam mais recentemente foram a cenoura, a couve, o tomate, a batata e a beringela. Cerca de 50% dos agricultores cultivavam couves e tomates antes da salinidade e da alcalinidade. Os agricultores inquiridos adicionaram terra de vaso (uma mistura de terra e matéria orgânica) para combater a salinização. Alguns adicionaram carbonato, misturado com estrume. Este facto explica a presença de $CO3^{2-}$ em algumas amostras de solo. Este facto não impediu a perda de 300 m^2 de terra arável em alguns campos. Isto explica-se pela mineralização do azoto na presença de bicarbonato, que aumenta a temperatura do solo (que pode aquecer nos primeiros anos) (Diop. 2007).

O lago Wouye fica perto do mar, separado pelo filão de Malika e pela floresta de coqueiros. Isto explica o facto de o lago ser naturalmente salgado (CE de 10090 µS/cm em 2007), mas as suas águas eram potáveis nos anos 60 (PLD, 2006). Com a evaporação, o sal está a avançar para as zonas cultiváveis, provocando a retirada dos agricultores, que tentam combater a salinização com produtos químicos (adubos NPK), mas sem sucesso. Depois de o lago ter sido transformado em bacia de retenção em 2008, seria difícil dar números exactos sobre a perda de terras aráveis na zona do lago Wouye devido à salinização e à alcalinização. Trata-se de hectares de terras engolidas pelas águas do lago, na sequência da sua transformação em bacia de retenção.

Figura 18: Situação das parcelas no lago Wouye em 2018

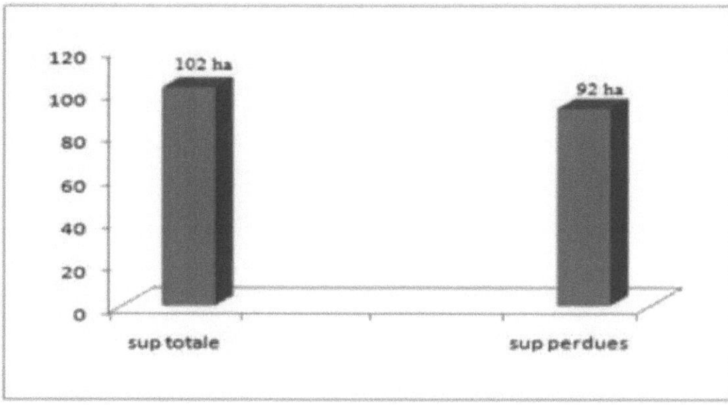

Com uma superfície total de 102 ha, as zonas ajardinadas do Lago Wouye foram divididas em várias parcelas de 1 ha cada.

Em 2018, várias áreas aráveis foram inundadas pelas águas do lago, resultando na perda de cerca de 92 hectares (90,2%). Trata-se de uma catástrofe para os horticultores, para quem a horticultura comercial era a sua única fonte de rendimento. A situação agrava-se com a subida do nível das águas.

Em 2007, as parcelas próximas do lago perderam várias zonas por salinização e alcalinização. Em 2010 e 2018, cerca de 90% das parcelas em torno do lago foram inundadas. As análises efectuadas no lago revelam uma salinidade elevada da água (26 680 µS/cm em 2010 e 12 000 µS/cm em 2018), o que terá um impacto negativo nas parcelas inundadas. Noventa e seis (96%) dos agricultores inquiridos em 2007 afirmaram que o solo já não produzia como antes, ou seja, menos de uma tonelada por ha.

Em 2018, 93% dos agricultores que perderam a sua parcela de terra declararam-se vítimas de injustiça por parte do Estado. Apesar de várias zonas já não serem adequadas para a agricultura, tinham a possibilidade de vender as terras para habitação ou criação de aves.

- **Lago Tanma**

O Lac Tanma tem 140 parcelas de 40 $m^{(2)\ \text{cada uma}}$, cobrindo uma superfície de 5.600 $m^{(2)}$. Desde 1988, os horticultores constataram que todos os anos perdem cerca de 3 a 4 parcelas devido à salinização e à alcalinização, o que perfaz um total de mais de 108 parcelas perdidas em 31 anos (em 2019). Os horticultores que perderam as suas parcelas no Lac Tanma estão a cultivar os campos que possuem na comuna de Diender. Os outros, que não têm nenhuma, trabalham como comerciantes ou aprendizes de motorista. Desde 2010, a salinização e a alcalinização estão a aumentar. A solução recomendada pelos agricultores é a utilização de estrume orgânico (folhas secas de baobá, estrume de vaca, utilizado pelos horticultores que se encontram perto do lago, devido à humidade). O estrume de aves é utilizado pelos que estão mais longe. A utilização regular de estrume (todos os anos) significa que algumas terras podem ser recuperadas (a longo prazo). Em 2018, uma parcela de terra tomada perto do lago em 2010, com plantações de repolho em mau estado, recuperou quase metade de sua superfície, devido à descarga de águas residuais da Sedima em parte da terra. Esta é uma experiência que merece ser estudada e analisada, pois pode ser uma solução para a degradação do solo.

Figura 19: Localização das parcelas no Lac Tanma em 2018

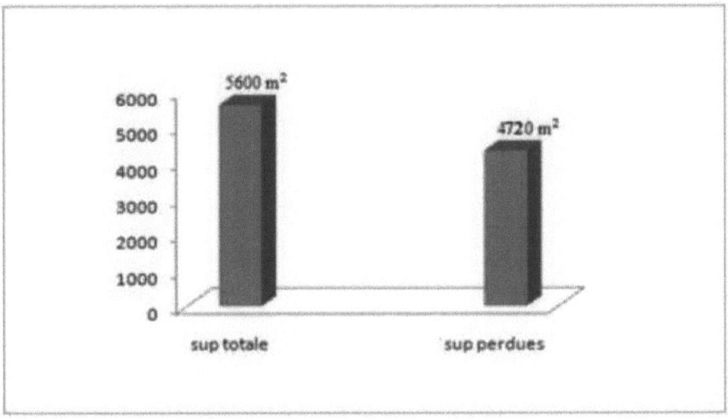

Com uma superfície total de 5.600 m2, com parcelas de 40 m2, o Lac Tanma perdeu uma parte significativa da sua superfície cultivável. Entre 1988 e 2018, perdeu cerca de 4.720 m2. Esta é uma perda enorme para a horticultura comercial na área, especialmente em termos económicos. Para 2019, o lago perdeu 4.920 m2 de terra arável (200 m2 a mais) do que em 2018.

- **O sítio Web da aldeia de Taré**

A aldeia de Taré tem parcelas de 1.000 m^2, com cerca de 8 parcelas por concessão (num total de 79). Isto dá uma média de 8.000 m2 por família, com uma superfície total de 63,2 ha (632.000 m2) na aldeia.

Figura 20: Situação das parcelas Taré em 2018

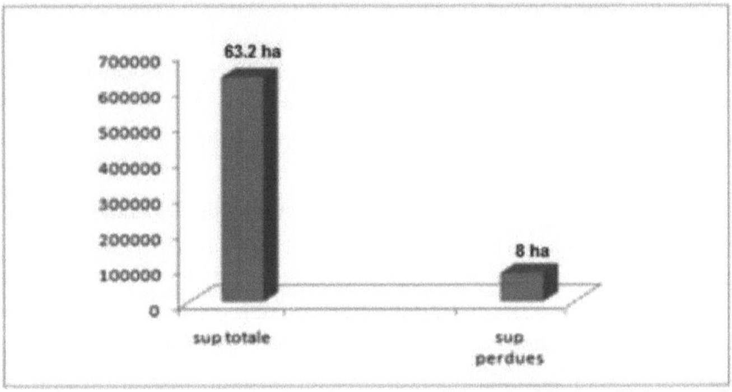

Dos 63,2 ha de terras aráveis, cerca de 8 ha são perdidos devido à salinização da água e à alcalinização do solo. Nenhuma estratégia foi posta em prática para combater este flagelo. A única solução que a população local encontrou foi a de cultivar novas terras nas dunas de areia a leste da aldeia. No entanto, como a salinização da água e a alcalinização do solo aumentam todos os anos, muitas parcelas tornam-se menos rentáveis com o passar dos anos.

O sítio Darou Mboumbaye

O sítio de Darou Mboumbaye tem parcelas de 1 000 m2, num total de 3 000 ha. Após a abertura da brecha, cerca de 2.250 ha foram perdidos devido à salinização da água e à alcalinização do solo. Uma perda enorme para uma zona que depende fortemente da horticultura comercial.

Figura 21: Situação das parcelas de Darou Mboumbaye em 2018

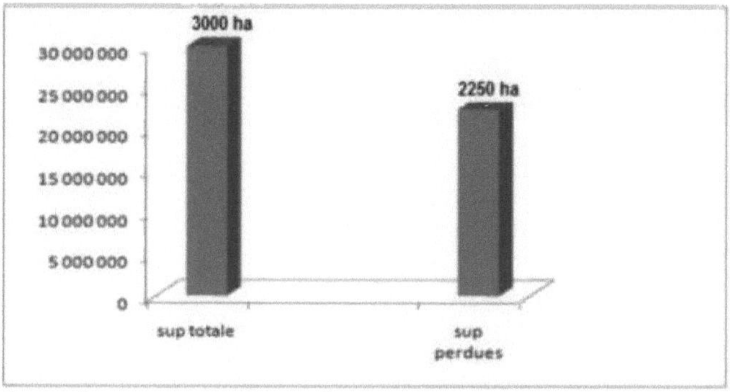

Os horticultores formaram um Grupo de Interesse Económico (GIE) e um Grupo de Promoção das Mulheres (GPF), com um total de 580 membros em todos os grupos. Alguns dos membros do grupo perderam as suas parcelas de terra. A única solução encontrada foi arrendar terras no sector de Potou e em Mboyenne, a 7 km a leste da aldeia, em direção ao distrito de Rao. Em 2018, as pessoas que já não praticam a agricultura estão a pescar, a trabalhar como trabalhadores agrícolas em Potou e Walo. Outros estão no comércio (abertura de lojas), criação de cabras, ovelhas, gado ou aves. Em 2019, a situação não se alterou. É importante conhecer a situação da salinização nos diferentes ambientes estudados.

2. Salinização nos locais de estudo

Os resultados revelam a salinização ou a alcalinização do solo e da água nos locais de estudo, confirmando graves constrangimentos. Estes problemas químicos foram constatados em alguns poços das zonas de hortas.

2.1. Resultados das análises do solo e da água

A análise das amostras recolhidas deu origem a informações interessantes.

2.1.1. Resultados das análises do lago Wouye 2010 e 2018

Condutividade eléctrica (CE) :

- Solos

Em 2010, os valores de CE variaram entre 1 e 146,1 µs/cm, em 2007 se situaram entre 260 e 1.820 µs/cm, apresentando uma descida em 2010 e solos ligeiramente salinos a muito salinos em 2007. Esta situação deve-se à transformação do lago numa bacia de retenção. A subida do nível da água provocou uma diminuição da salinidade. Os resultados das análises não revelaram a presença de sal no solo em 2010, mas sim de alcalinidade. Este facto teve um impacto na produção hortícola. Em 2010, encontrámos plantações de beringela em mau estado, devido à salinidade e à inundação das hortas.

Foto 11: Plantação de beringela encontrada no lago Wouye em 2010

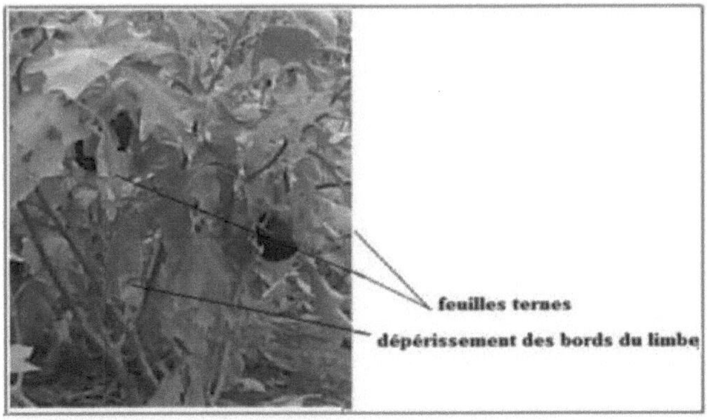

Fonte: fotografia de M. Fall, setembro de 2010

O estado das plantas mostra sinais de salinidade nas folhas (secura, desidratação, murchamento dos bordos da lâmina foliar), com necrose nas folhas, que morrem e caem. Estes são os primeiros sinais de degradação da planta: interrupção do ciclo de crescimento. Existe, portanto, uma correlação entre o desenvolvimento da planta e o seu teor de sal, que é mais elevado nas folhas do que nos caules. No que diz respeito à cultura da beringela, convém notar que esta é a menos exigente das Solanáceas em termos de tipo de solo. O seu poderoso sistema radicular permite-lhe crescer onde outras espécies têm dificuldade, mas no momento da plantação, pode ser mais sensível ao tipo de solo. Os solos demasiado húmidos não são adequados. Do mesmo modo, os solos com uma salinidade elevada são desfavoráveis a esta cultura. Em suma, evite os solos mal drenados ou asfixiados. Em contrapartida, os solos que aquecem bem e que são ricos em matéria orgânica e em argila são favoráveis.

Figura 22: CE do solo do lago Wouye em 2010

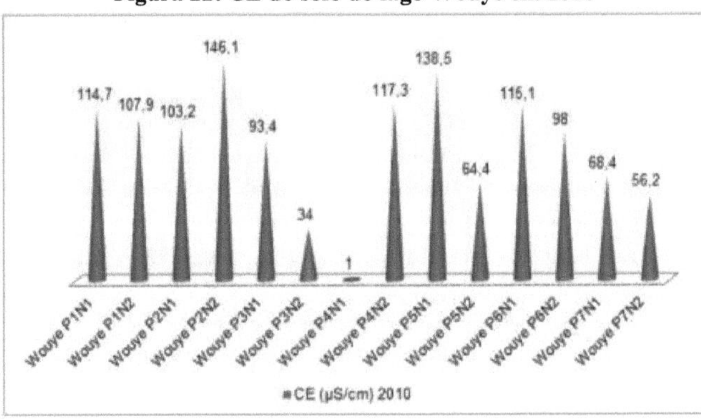

Foto 12: Desidratação das plantas e seca no lago Wouye em 2010

Fonte: fotografias de M. Fall lac Wouye setembro de 2010

As fotografias 1 e 2 mostram a desidratação e a secura das plantas em redor do lago Wouye em 2010. Esta foi a nossa primeira impressão da degradação do solo quando visitámos o local.

Em 2018, a condutividade eléctrica, apresenta solos ligeiramente salinos (Wouye P1N1, P1N2, P2N1, P3N1) a salinos (Wouye P2N2, e P3N2), variando de 290 a 670 µS/cm, com uma CE mais elevada em profundidade, evidenciando um aumento da salinidade do solo em 2018, comparativamente a 2010 em que não se registaram solos salinos (1 a 146,1 µS/cm). Esta situação pode ser explicada pelo recuo das águas da albufeira em 2018, o que favorece o aumento da condutividade eléctrica.

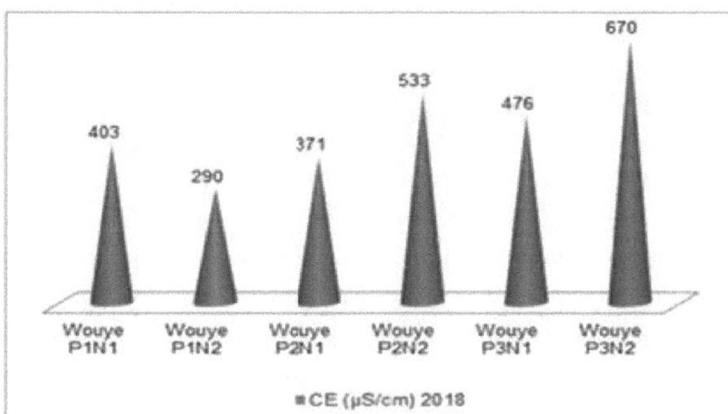

- Água

Os resultados a eutrofização das águas do lago na sequência da sua transformação em bacia de retenção das águas residuais dos bairros inundados de Malika e Yeumbeul em 2008. A transformação do lago numa bacia de retenção levou à inundação dos jardins do mercado e das ceans em 2010, com a água salgada a subir do lago para as plantações e as ceans.

Foto 13: Inundação de zonas de horticultura comercial no lago Wouye em 2010

Fonte: Photo M. outono setembro 2010

Da esquerda para a direita, a água do lago a entrar no jardim do mercado, com uma tentativa infrutífera dos horticultores de conter a água com sacos de areia.

Nota: estes resultados referem-se a amostras colhidas depois de o lago ter sido convertido numa bacia de retenção.

Em 2008, foi instalada uma máquina para bombear a água do lago para o mar, a fim de evitar a inundação das parcelas. O sistema não parece estar a funcionar bem em 2010, apesar da presença da máquina, com quase todas as parcelas debaixo de água. $^{+}$As análises da água do lago revelaram uma salinidade elevada, com uma CE de 26,680 µS/cm, combinada com eutrofização e falta de oxigénio (água rica em amónio: NH4), tornando difícil, se não impossível, a sobrevivência da fauna aquática no lago (desaparecimento de peixes).

A água do lago não é utilizada diretamente para regar as plantas. Em 2007, a maior parte das parcelas apresentava ceanos, que têm águas mais macias e de menor salinidade, cerca de 1696 µS/cm em 2007. A transformação do lago em bacia de retenção em 2008 levou à intrusão de água extremamente salgada do lago nos ceanos, em risco a rega das plantas. Os resultados das análises efectuadas no lago revelaram uma CE de 26.680 µS/cm em 2010, muito normal (CE de 600 a 1.700 µS/cm), com um nível de salinidade grave de mais de 2.000 mg/l.

Esta salinidade excessiva deve-se a intrusões marinhas no lago, devido à sua proximidade Oceano Atlântico. A água de irrigação é bombeada de canais e poços, causando uma queda nos água, levando à intrusão de água do mar na linha costeira. Em 3 anos (20072010), a salinidade da água do lago aumentou, com uma CE de 10.090 µS/cm para o lago e 1.696 µS/cm para os ceanes, em 2007, em comparação com 26.680 µS/cm em 2010, para água do lago. Como os ceanos estavam inundados, não foi possível recolher amostras em 2010. Entre 2007 e 2010, a CE do lago aumentou 16.590 µS/cm (desde que foi convertido numa bacia de retenção de águas residuais). Há um aumento de 5.530 µS/cm por ano no lago, tornando a água imprópria para irrigação.

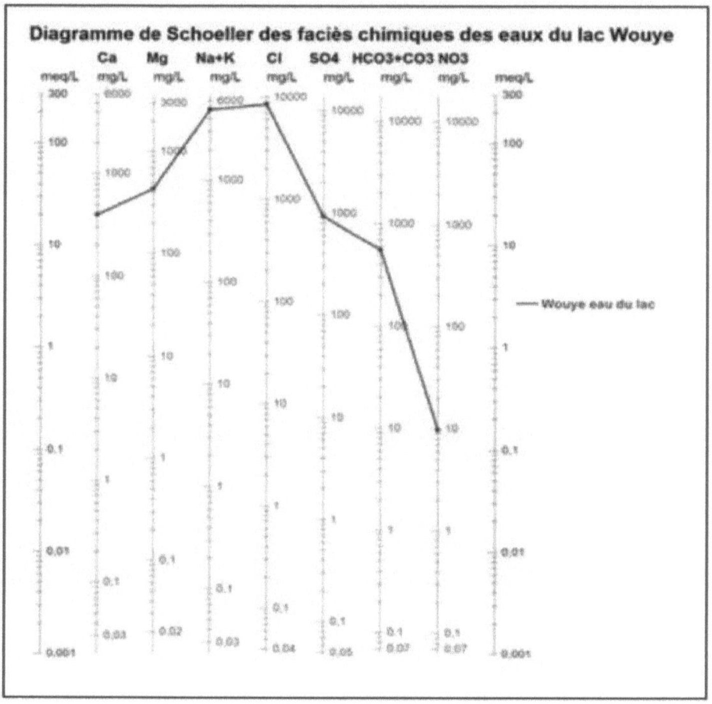

A figura 24 mostra que a fácies química dominante é o cloreto de sódio, o que indica um estado de salinidade, com predomínio dos iões cloreto (8496,70 mg/l) e sódio (4715,69 mg/l), o principal sal neutro dissolvido água do mar. A presença dos iões dominantes da água do mar explica a origem marítima dos sais do lago Wouye: intrusão marinha. Em 2010, a fácies química mostrava um predomínio de aniões (9 971,16 mg/l), catiões (5 697,98 mg/l) e iões nitrato (9,67 mg/l).

Em 2018, a água dos ceanos era muito salina (1920 µS/cm) e a do lago extremamente salina (12.000 µS/cm). Houve uma queda na salinidade em comparação com 2010 (26.680 µS/cm), com uma diferença de 14.680 µS/cm em 8 anos, devido ao influxo água no lago das áreas inundadas de Malika e Yeumbeul.

É importante notar que, em 2018, o lago voltou à vida, com o retorno dos peixes e a retomada da pesca no local devido à redução da descarga de esgoto no lago, ao contrário de 2010, quando houve uma grave eutrofização das águas e um desaparecimento quase total dos peixes. As águas do lago, que inundaram algumas parcelas em 2010, recuaram, libertando terras aráveis na zona circundante. Os horticultores tentaram recuperar estas terras adicionando matéria orgânica, mas o nível de salinidade é demasiado elevado e as colheitas não são boas.

Figura 25: Salinidade da água do lago Wouye em 2007, 2010 e 2018

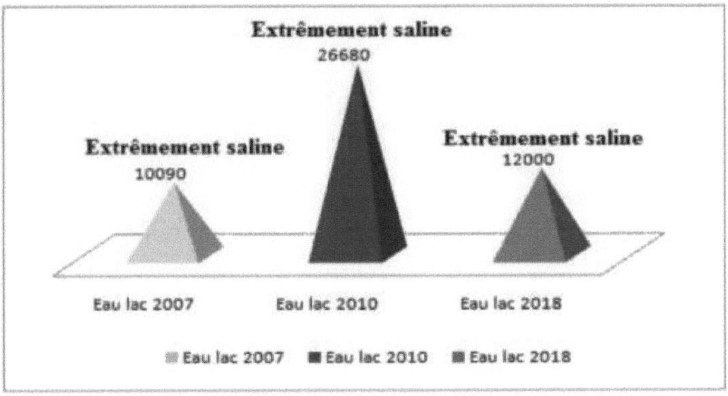

A figura 26 mostra os componentes químicos da água do lago Wouye em 2018.

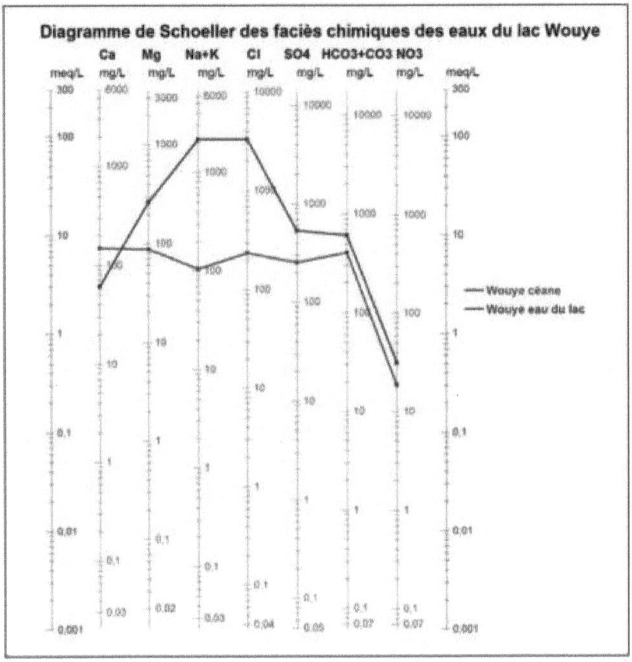

O cloreto de sódio (cl - 3308,64 mg/l e Na+ 2072,34 mg/l) é o principal sal encontrado nas águas do lago Wouye, confirmando a hipótese de uma intrusão marinha. Nos ceanos, os iões carbonato dominam (408,7 mg/l), seguidos dos iões sódio (254,4 mg/l) e cloreto (232,40 mg/l). As caraterísticas químicas da água do lago mostram uma predominância aniões (5348,38 mg/l), contra 2812,71 mg/l de catiões. A presença iões nitrato (50,44 mg/l) indica a utilização de produtos químicos no ambiente.

- pH: solos

Os valores de pH são mais variados, provavelmente devido à natureza dos solos. Podem variar de neutros a ácidos ou alcalinos, consoante o nível de amostragem. A natureza do solo também pode variar numa curta distância. Os pontos de amostragem mais próximos do lago apresentam valores de pH neutros que variam entre 6,6 e 7,2 (Wouye P1N1, P1N2, P2N1, P2N2 e P3N1). A partir do P4N1, o pH altera-se, apresentando solos geralmente alcalinos, variando entre 7,3 e 8,5.

Esta situação pode ser explicada pelo afluxo de água ao lago proveniente das zonas inundadas dos subúrbios de Malika e Yeumbeul (pH de 6,90 em 2010), o que provoca uma diminuição do nível de salinidade nesta zona. Quanto mais nos afastamos do lago, mais baixo é o nível do lençol freático e maior é a intrusão marinha, o que provoca uma subida do pH em direção à superfície (Wouye P4N1 e P7N1), com solos alcalinos. Em Wouye P5N2 e P6N2, a situação é inversa, com um pH mais elevado em profundidade do que à superfície. Em 2010, o pH dos solos variava entre 5,18 e 8,30, em 2007 variava entre 7,88 e 9,34, o que revela uma diminuição do pH em 2010 devido à transformação do lago em bacia de retenção.

O solo ideal é ligeiramente ácido, com um pH de 6,5 (Wouye P3N1), o que é adequado para a maioria das plantações. A variação do pH em função dos pontos e níveis de amostragem explica-se pela concentração da solução do solo. Nos solos de humidade desigual, a concentração da solução é inversamente proporcional ao teor de humidade. A transformação do lago em bacia de retenção criou um nível elevado de humidade nas parcelas mais próximas, daí diminuição do pH nestas zonas.

Figura 27: pH do solo no lago Wouye em 2010

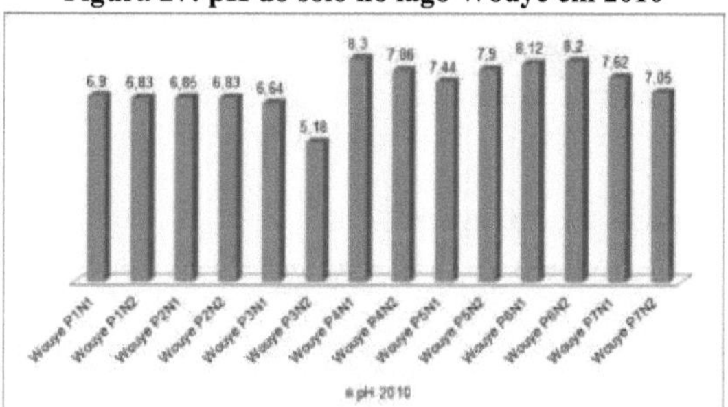

Em 2018, os resultados mostram níveis de pH neutros em profundidade (Wouye P3N2), alcalinos (Wouye P3N1) e muito alcalinos (Wouye P2N1 e P2N2), com uma alcalinidade mais elevada à superfície do que em profundidade. O pH variou entre 7,2 e 9,26 em 2018, muito mais elevado do que em 2010 (5,18 e 8,30). Esta subida mostra que a situação se está a agravar e a aproximar-se da de 2007, com um pH de 7,88 e 9,34. Isto confirma que foram as águas do lago que contribuíram para a descida do pH em 2010. Em 2018, as águas recuaram, certamente devido à diminuição da precipitação (425 a 610 mm) em 2010, contra (190 a 262 mm) em 2018 (ANACIM, 2018), o que significa que as inundações diminuíram, assim como a quantidade água descarregada na albufeira.

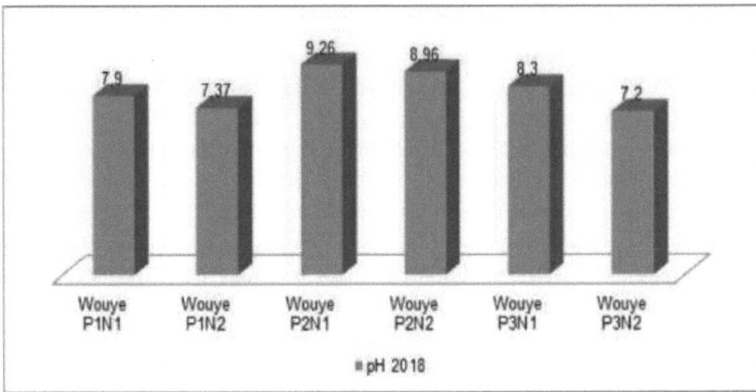

A análise das amostras de solo do lago Wouye mostra solos ácidos e alcalinos, não favoráveis a todas as culturas. Os resultados acumulados dão uma condutividade eléctrica de 13.240 µS/cm, indicando uma área altamente salina. Assim, o verdadeiro problema é como desenvolver a horticultura de mercado numa zona alcalina e salina.

- O pH da água

Os resultados de 2010 mostram um pH neutro na água do lago (6,90), e ligeiramente alcalino a alcalino em 2018, na água dos ceanes (7,52) e do lago (8,28). Registou-se um aumento do pH de 1,38 entre 2010 e 2018, o que pode ser explicado pela redução da quantidade de águas residuais descarregadas no lago em 2018 (menos água do lago a inundar os jardins do mercado).

Figura 29: pH da água do lago Wouye em 2018

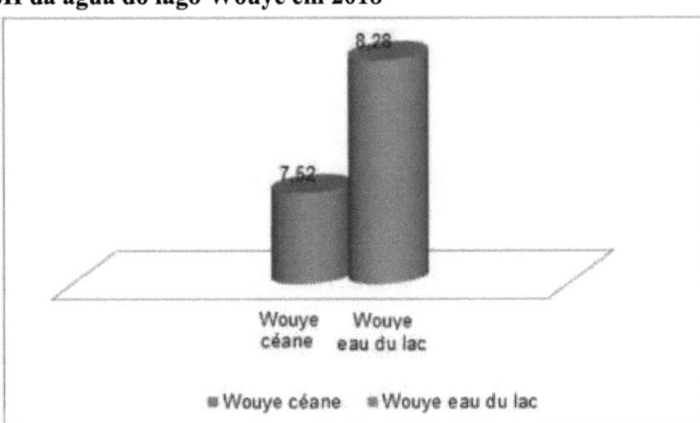

Depois do lago Wouye, são apresentados os resultados do lago Tanma, na região de Thiès, sobre a salinização do Niayes.

2.1.2. Resultados das análises do lago Tanma 2010 e 2018

Condutividade eléctrica: solos. Os valores de CE em 2010 permanecem quase iguais em todos os perfis, mostrando que a nível espacial e pontual (até ao horizonte de 30 cm), a condutividade eléctrica é quase constante. Esta constância é perturbada em Tanma P5N1 e N2, onde se regista um aumento de quase 4 vezes entre 0-15 cm e 15-30 cm de profundidade. Os resultados de 2010 do lago Tanma mostram solos não salinos.

Figura 30: CE dos solos do lago Tanma em 2010

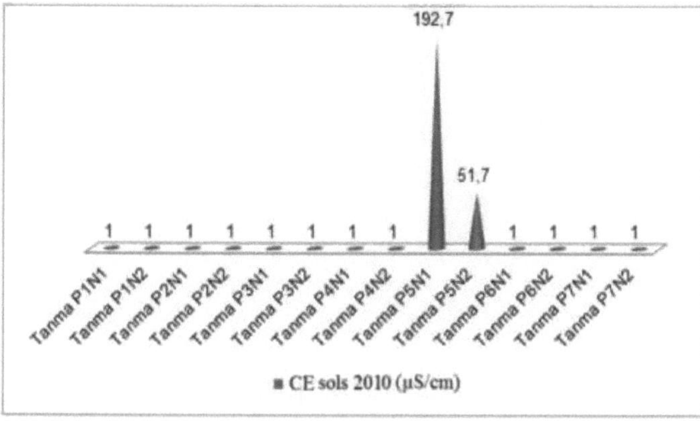

A condutividade elétrica do lago Tanma em 2018 mostra uma alta salinidade dos solos amostrados na superfície do lago (9630 µS/cm) devido à intrusão marinha (a parte norte do lago está perto do Oceano Atlântico). Os resultados mostram solos não salinos nas proximidades do lago (49 a 82 µS/cm), como em 2010 (1 a 192,7 µS/cm). Entre 2010 e 2018, a salinidade aumentou. Em 2010, quase todos os resultados foram de 1 µS/cm (Tanma P1N1, em P4N2 e P6N1 a P7N2), enquanto em 2018, os dados evoluíram com um mínimo de 49 µS/cm (Tanma P1N2). Os resultados de 2018 mostram uma salinidade mais elevada à superfície (Tanma P1N1, P2N1 e P3N1) do que em profundidade devido à irrigação com água salina associada a uma elevada procura evaporativa.

Figura 31: CE dos solos do lago Tanma em 2018

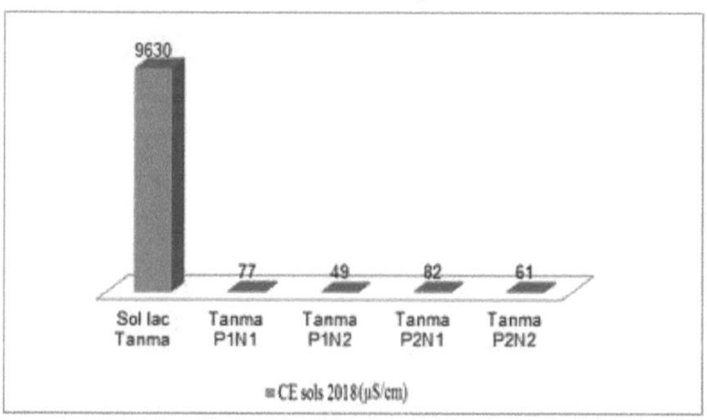

Água. água de irrigação era altamente salina em 2010, com uma CE de 10.920 µS/cm. A elevada salinidade da água de irrigação indica a intrusão marinha no ambiente e a salinização do lençol freático. A rega de áreas de horticultura comercial com água tão salgada pode ter um impacto negativo nos rendimentos.

Foto 14: Poço no Lago Tanma em 2010

Fonte: fotografia de M. Fall outubro de 2010

As imagens mostram poços de irrigação fotografados no Lago Tanma. O poço 1 (imagem da esquerda) apresenta sinais de eutrofização da água, devido à utilização de produtos químicos. O poço 2 (à direita) apresenta vestígios de salinidade na sua envolvente, justificando os resultados das análises que revelam um elevado nível de salinidade da água (10.920 µS/cm).

Foto 15: Plantações de couves no lago Tanma em 2010

Fonte: fotografia de M. Fall outubro de 2010

As duas imagens mostram que as plantas têm dificuldade em tolerar a presença de sais na água. Quase todas as culturas estavam ressequidas, com folhas murchas e secas. A couve é uma das plantas que tolera moderadamente bem a salinidade, pelo que o estado das plantas mostra que atingiram o seu limiar de tolerância.

Em 2018, dois poços perfurados em 2010 foram abandonados. Foram recolhidas amostras dos poços abandonados e dos que ainda são utilizados para rega. As amostras mostram uma elevada presença de sais na água, que é muito salina (Tanma P1, 1500 µS/cm), a extremamente salina (Tanma P2, 2200 µS/cm e P3, 7330 µS/cm). O Tanma P2 é um poço abandonado, enquanto o P3 ainda está a ser utilizado, com uma bomba para facilitar a rega. O nível mais elevado de CE no Tanma P3 deve-se à bombagem de água, que pode causar afloramento salino. O poço captado em 2010 no campo cultivado (CE de 10920 µS/cm) foi abandonado, assim como parte da parcela que não recebe descargas de águas residuais da Sedima.

Figura 32: Componentes químicos da água retirada do lago Tanma em 2018

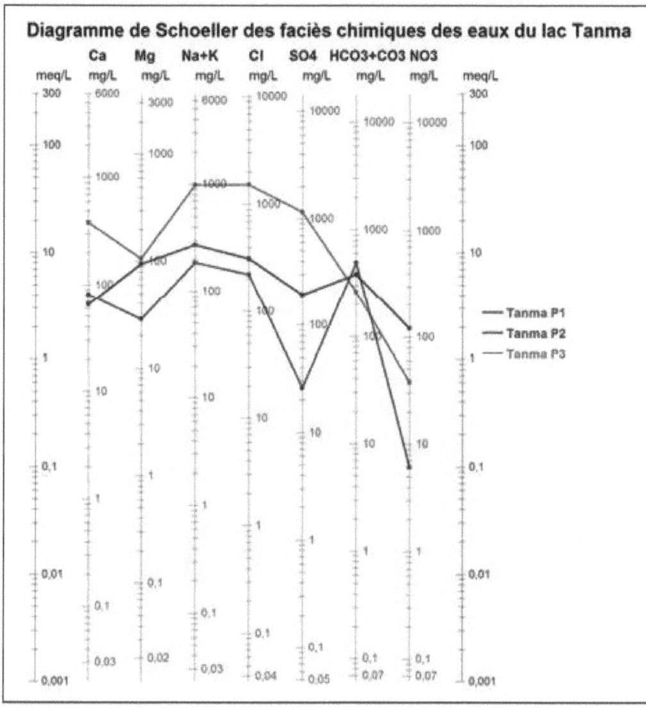

O diagrama mostra uma forte presença de iões cloreto e sódio (Tanma P3 e P2), com um predomínio de iões bicarbonato no Tanma P1 (488 mg/l). Os sais variam entre 6,15 mg/l (Tanma P1) e 1547,73 mg/l (Tanma P3), com uma forte presença de aniões (Cloreto, Sulfato, Carbonato de Hidrogénio), 4588,82 mg/l no total e catiões (Sódio, Potássio, Magnésio, Cálcio), 2195 mg/l, presentes na água do mar, o que revela uma intrusão marinha no meio ambiente. [6]Os resultados mostram também a presença de iões nitrato (164,76 mg/l), revelando a utilização de produtos químicos no meio ambiente.

pH do solo. Os resultados de 2010 mostram solos ligeiramente alcalinos a alcalinos, variando de 7,83 a 8,46. Os valores de pH revelam um ambiente básico (alcalino), com a presença de fosfato em Tanma P5N1 (192,5) e N2 (51,7). A presença de fosfatos no Tanma P5 deve-se à aplicação adubos ácidos (sobretudo fosfatados) sem mobilização do solo, o que provoca uma concentração de acidez à superfície.

O excesso de fósforo não é geralmente prejudicial para a cultura. O fósforo é um dos NPKs muito utilizados nos Niayes. O ácido fosfórico (P) concentra-se nas raízes, assegurando o seu desenvolvimento saudável. Favorece igualmente a resistência às doenças e a fertilização (floração, reprodução e frutificação). É um elemento importante para os produtos hortícolas (tomates, beringelas, pimentos, etc.), mas para ser eficaz, tem de ser incorporado no solo.

Figura 33: pH do solo no lago Tanma em 2010

[6] **Nitrato (NO_3^-)** Um fertilizante químico que faz parte do ciclo do azoto.

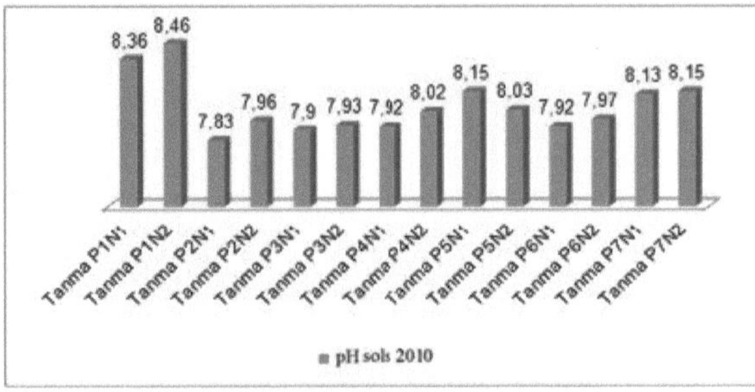

Foto 16: Condições do solo em torno do Lago Tanma em 2010

Fonte: fotografia de M. Fall outubro de 2010

Em 2010, solonetz (terra rica em sódio com acumulação de argila em **subsuperfície), mais ou menos básica; plástica e viscosa quando molhada (imagem 1, a de cima), formando torrões duros e compactos quando seca (imagens 2 e 3), é asfixiante, redutora e muitas vezes estéril. [7]Constatámos também a presença de solos calcários à volta do lago, em certas zonas de horticultura.**

Foto 17: Plantação de couves em solo calcário no lago Tanma em 2010

Fonte: fotografia de M. Fall, outubro de 2010

Couve plantada no lago Tanma em 2010, em solo calcário com seixos (calcário) à superfície.

---

[7] **Calcário**: reconhecível pela abundância de seixos que afloram constantemente à superfície, de cor esbranquiçada e aspeto calcário.

[8]O solo calcário tem desvantagens porque retém os elementos fertilizantes, provocando a clorose das folhas (o giz ativo dificulta a absorção do ferro pelas plantas).

Foto 18: Plantação de batata-doce com clorose foliar no Lago Tanma em 2010

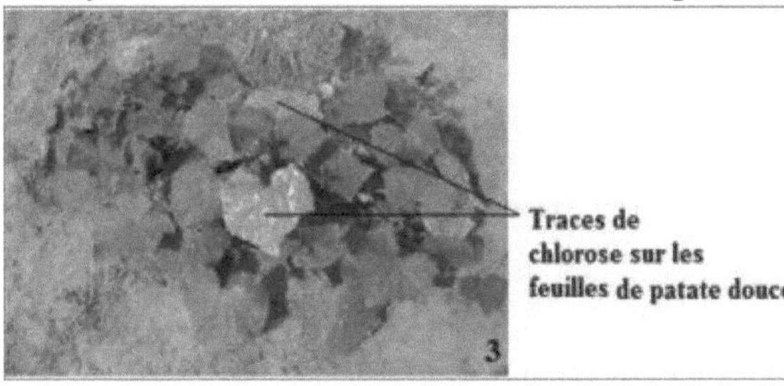

Fonte: fotografia de M. Fall, outubro de 2010

Clorose das folhas que aparece na plantação de batata-doce, mostrando uma retenção de elementos fertilizantes do solo. Como as plantações de batata-doce não são cultivadas em solos calcários, podemos deduzir que a rega com água contendo um nível inadequado de calcário ativo é necessária.

Vários legumes estão adaptados ao solo calcário: alface, aipo, batata, couve, rabanete, beringela, chalota, tomate, cenoura, pimento, cebola, ervilha (jardiland 2014, X. Gerbeaud 2016).

Em 2018, o pH varia entre 8,23 e 9,32, com solos alcalinos a muito alcalinos, mais elevado do que em 2010 (7,83 a 8,46). A alcalinidade é mais elevada em profundidade (Tanma P1N2, P2N2) do que à superfície (Tanma P1N1, P2N1). Contrariamente a 2010, recolhemos amostras de solo à superfície da lagoa seca, que revelam uma alcalinidade do solo (8,23).

Figura 34: pH do solo no lago Tanma em 2018

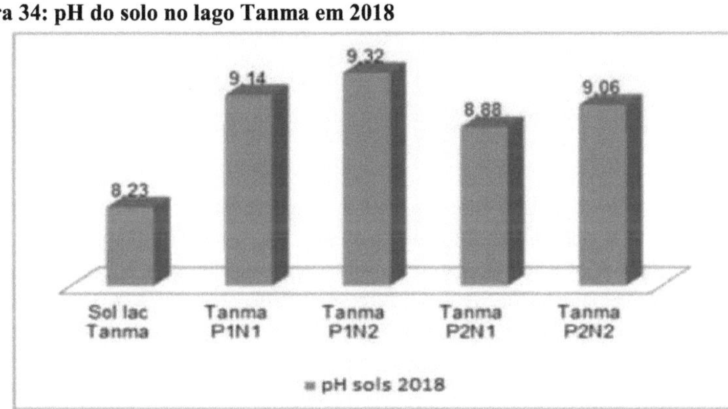

- Água

Os resultados de 2010 mostram um pH neutro, variando de 6,7 a 7,2. Em 2018, os resultados mostram uma água alcalina, variando de 7,63 a 8,21, com maior alcalinidade no Tanma P1, que representa a água residual da Sedima (matéria orgânica, composta por uma mistura de

---

7**Clorose:** doença fisiológica das plantas em que as folhas ficam descoloridas devido a problemas de produção de clorofila, ligados a uma carência de nutrientes.

resíduos de aves "excrementos, sangue", com água). Esta é a água recuperada após a limpeza dos galinheiros. Sedima, em colaboração com alguns horticultores, descarrega as águas residuais nos campos para fertilização. Esta iniciativa está a produzir resultados satisfatórios em termos de recuperação de terras degradadas. Um horticultor afirma ter registado um aumento da produção desde que a água foi despejada nas suas plantações. A parcela cultivada testada em 2010 confirma a eficácia da descarga das águas residuais da Sedima nos campos. A parte da sua superfície que recebe a água é mais fértil (presença de plantações) do que a outra parte, que foi abandonada (não cultivável). Em comparação com 2010, o nível de pH aumentou em 2018 de 0,93 para 1,03, mostrando uma mudança na degradação da água de irrigação ao longo dos anos. As nossas entrevistas confirmam este estado de coisas, com os horticultores a afirmarem que a água já não é de boa qualidade para a rega.

Foto 19: Fotografias do Lago Tanma em 2018

Fonte: fotografia de M. Fall lac Tanma julho de 2018

A foto 1 mostra o camião da Sedima a descarregar as águas residuais (Tanma P1) no terreno (foto 2), com plantações de tomate. As fotos 3 e 4 mostram o poço a ser bombeado para regar o campo cultivado (Tanma P3). A foto 5 mostra o poço abandonado no campo cultivado (Tanma P2) devido à má qualidade da água. É de notar que o poço ainda em uso (Tanma P3) não está longe do poço abandonado (Tanma P2). Isto poderia explicar o facto de o Tanma P3 ter um nível de salinidade mais elevado, devido à bombagem de água, que provoca o aumento da salinidade. As fotografias 6, 7 e 8 mostram o campo cultivado em 2010, onde foram recolhidas amostras de solo e de água. Em 2018, parte do campo foi abandonada (foto 8), enquanto outra parte ainda está a ser cultivada (fotos 6 e 7). A parte explorada recebe descargas de águas residuais da Sedima, o que tornou possível a recuperação de terras.

Os resultados da região de Louga fornecerão mais informações sobre a salinização na zona de Niayes, especialmente na parte norte.

2.1.3. Resultados das análises Taré 2010 e 2018

Condutividade eléctrica

- **Solos**

Os resultados das amostras de 2010 mostram solos não salinos, com condutividade eléctrica variando de 27,7 µS/cm (Taré P1N1) a 52,5 µS/cm (Taré P7N1). Mostram que a condutividade eléctrica é mais elevada à superfície do que em profundidade (Taré P2N1, P3N1, P6N1 e P7N1), devido à irrigação com água salina e a fenómenos de evaporação que favorecem a acumulação de sais à superfície. Em comparação com Dakar, os níveis de CE são mais baixos.

Figura35: CE dos solos de Taré em 2010

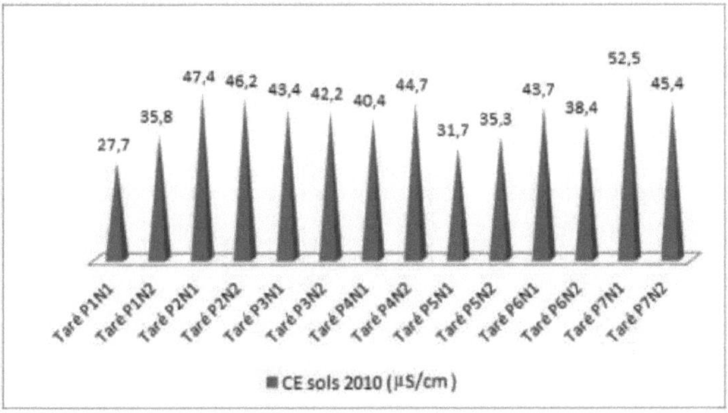

Em 2018, a condutividade elétrica mostra solos não salinos, com uma CE de 32 µS/cm a 86 µS/cm. Em comparação com 2010 (27,7 µS/cm a 52,5 µS/cm), com um aumento de 4,3 µS/cm a 33,5 µS/cm em 8 anos. Isto mostra um aumento da salinidade no ambiente, com um nível de sal mais elevado à superfície do que em profundidade (Taré P1N1, P3N1).

Figura 36: CE dos solos de Taré em 2018

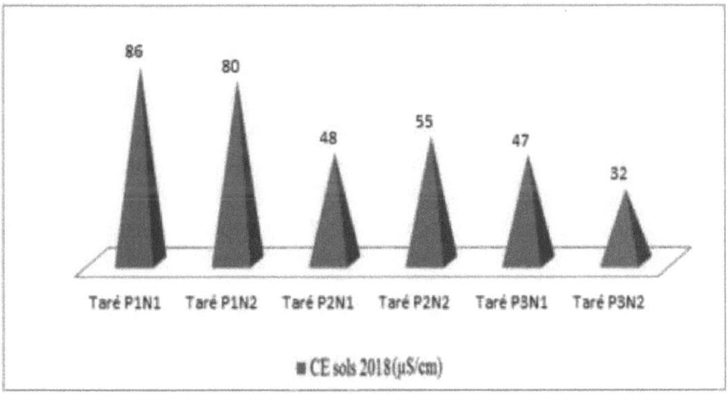

- **Água**

Os resultados de 2010 mostram uma água que não é salina, com uma CE de 1 µS/cm. Isto significa que, em 2010, a alcalinidade era o problema nas zonas de horticultura da aldeia de Taré, com culturas não adaptadas a solos alcalinos e águas alcalinas. Em 2018 (2.120 a 45.000 µS/cm), os resultados mostram uma água extremamente salina, muito mais elevada do que em 2010 (1 µS/cm); em 8 anos, a salinidade da água de poço e da água do rio em Taré aumentou largamente devido à intrusão marinha.

Esta situação pode ser explicada pela abertura da brecha na Langue de Barbarie em 2003, que tem vindo a aumentar desde então. De 2010 a 2018, temos um aumento da CE que varia de 2.119 a 44.999 µS/cm (Taré P1, 3.000 µS/cm, Taré P2, 2.120 µS/cm, Taré P3, 19.000 µS/cm), com um nível mais elevado no rio Senegal, que varia de 1 µS/cm em 2.010 a 45.000 µS/cm em 2018, o que é realmente elevado, passando de não salino a extremamente salino em 8 anos. Taré P3 (19.000 gSZ cm) está mais próximo do rio (cerca de 100 m), mostrando a intrusão marinha do rio, com a abertura da brecha em 2003, progredindo de 750 m em 2004, para cerca de 7 km em 2018.

Figura 37: Componentes químicos da água do poço e do rio amostrados em Taré em 2018

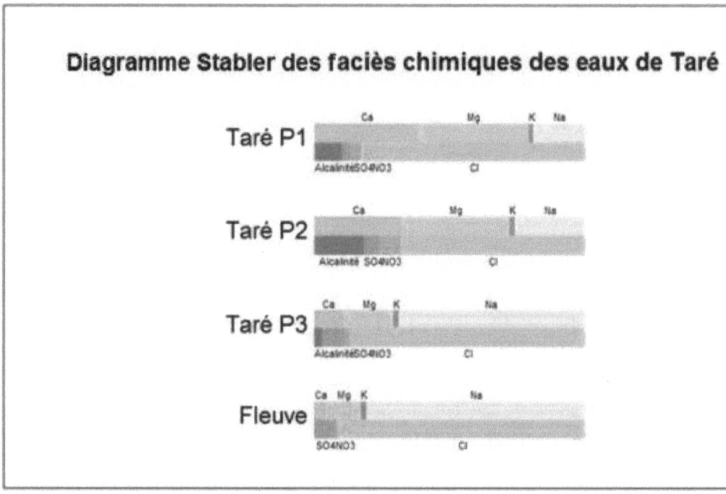

As caraterísticas químicas da água mostram um predomínio de iões cloreto e sódio nos poços e no rio. No rio, a salinidade é mais elevada, com a presença iões cloreto (13.595,09 mg/l) e sódio (8.034,18 mg/l), o que revela uma intrusão marinha no rio, reforçada pela abertura da brecha em 2003. A presença elevada cloreto (5.787,93 mg/l) e sódio (3.083,75 mg/l) no Taré P3 indica uma intrusão marinha a partir do rio. Os iões presentes amostras de água do Taré mostram a presença aniões (cloreto, sulfato, carbonato) e catiões (sódio, potássio, cálcio), que se encontram na água do mar, o que confirma a intrusão marinha nas zonas dos jardins do mercado.

pH do solo

resultados de 2010 mostram valores de pH alcalinos em todas as amostras de solo, variando de 7,83 a 8,62. Estes valores são mais elevados em profundidade do que à superfície (Tare P2N2, P3N2, P6N2 e P7N2), o que pode ser explicado pela intrusão marinha no meio.

Figura 38: pH dos solos de Taré em 2010

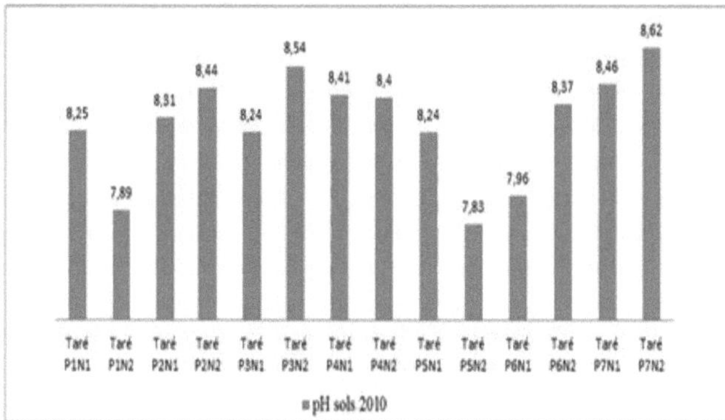

Contrariamente a 2010, com valores de pH que variam entre 7,83 e 8,62, os resultados de 2018 são mais elevados, variando entre 8,62 e 8,96. Mostram solos muito alcalinos na aldeia de Taré, com uma alcalinidade mais elevada em profundidade do que à superfície (intrusão marinha), que muda ao longo dos anos. Esta evolução tem um impacto na horticultura comercial (nem todas as culturas se adaptam aos solos alcalinos). Em 8 anos, registou-se um aumento de 0,34 para 0,79. Um aumento lento, mas que pode afetar significativamente os rendimentos. De 2010 a 2018, o pH tornou-se muito alcalino na aldeia de Taré.

Figura 39: pH dos solos de Taré em 2018

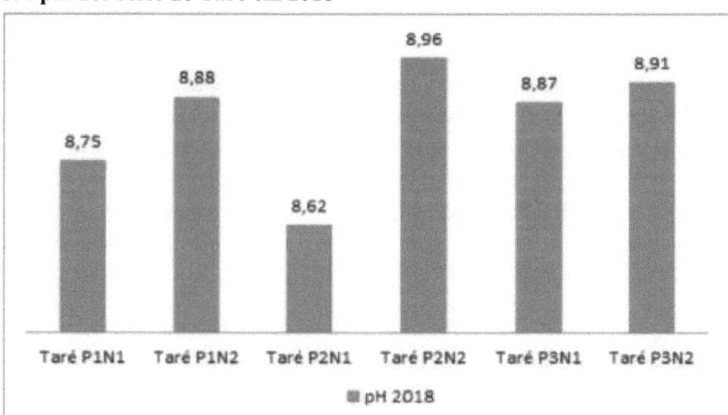

- Água

Os resultados de 2010 mostram uma água alcalina, variando de 7,96 a 8,32. resultados de 2018 mostram uma água ligeiramente alcalina (7,25 a 7,78), com uma queda em relação a 2010 (7,96 a 8,32), devido ao facto de os horticultores terem abandonado as parcelas onde foram recolhidas amostras em 2010. Um poço amostrado em 2010 num campo cultivado foi amostrado em 2018. É o poço abandonado mais próximo das áreas de horticultura ainda cultivadas em 2018 (Taré P3). O poço tem um pH mais elevado que os outros (7,78), o que justifica a retirada das hortas para o interior e a descida do pH. Das parcelas amostradas em 2010 e abandonadas em 2018, escolhemos a parcela mais próxima das áreas de hortas que ainda são adequadas para o cultivo. O nível de pH mais elevado no poço Taré P3 mostra uma deslocação da alcalinidade para o interior (Taré P2, 7,32, Taré P1, 7,25). Os resultados de Saint-Louis mostram uma tendência para a salinização no *Niayes*, nomeadamente a norte.

2.1.4. Resultados da análise de Darou Mboumbaye 2010 e 2018

A condutividade eléctrica dos solos

Os resultados de CE de 2010 variam entre 1 e 173,1 µS/cm, revelando solos não salinos, com uma acumulação de sais à superfície (Darou Mb. P4N1, Darou Mb. P5N1, Darou Mb. P6N1 e Darou Mb. P7N1), devido à intrusão marinha e à afluência salina à superfície. Em Darou Mb. P3N1, há uma grande diferença entre 0 - 15 cm e 15 - 30 cm, variando de 1 µS/cm (0 - 15 cm) a 102 µS/cm em profundidade (15 - 30 cm), devido à afluência salina do lençol freático. Os resultados mostram que as primeiras amostras recolhidas (Darou Mb. P1N1, Darou Mb. P2N1 e Darou Mb. P3N1) têm uma CE mais elevada em profundidade do que à superfície, o que explica uma tendência de salinidade para o interior, a partir da aldeia de Darou Mboumbaye.

Figura 40: CE do solo em Darou Mboumbaye em 2010

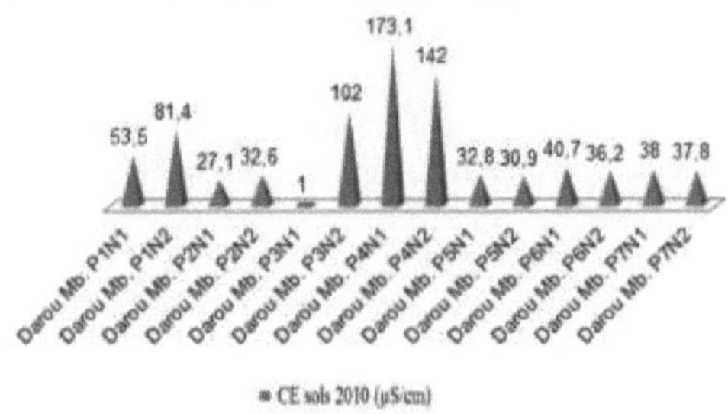

Os resultados de 2018 mostram solos não salinos como em 2010, com uma condutividade eléctrica que varia entre 48 µS/cm e 124 µS/cm. Em comparação com 2010 (1 a 173,1 µS/cm), temos uma CE mais elevada à superfície do que em profundidade (Darou Mb. P2N1, Darou Mb. P3N1). Observámos uma condutividade eléctrica mais elevada no campo ainda em cultivo do que nos abandonados, com um nível mais elevado à superfície (Darou Mb. P2N1, 124 µS/cm). Este facto pode ser explicado pela rega com água de elevada salinidade. Os valores para Darou Mb. P3N1 (55 µS/cm), um campo abandonado (que já não é regado) confirmam esta ideia, com uma CE mais baixa no campo ainda em cultivo. Na parcela abandonada mesmo atrás da aldeia (Darou Mb. P1N1 e N2), a CE é mais elevada em profundidade (115 µS/cm) do que à superfície (88 gSZ cm), o que revela uma afluência salina em direção à superfície.

Figura 41: CE do solo em Darou Mboumbaye em 2018

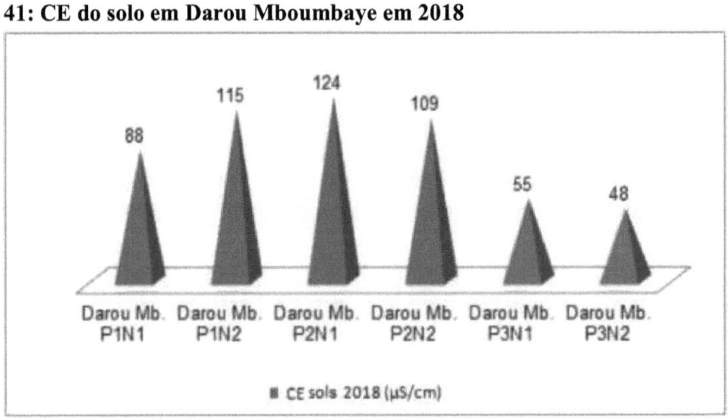

Água

Os resultados de 2010 mostram uma água não salina que varia entre 30,4 e 30,5 µSZcm, com um nível mais elevado no poço do campo ainda em cultivo (Darou Mboum P1). Isto mostra que o sal sobe à superfície devido à rega. Os resultados de 2018 são muito mais elevados do que os de 2010. A CE mostra uma água extremamente salina, variando de 9.800 µSZcm (Darou Mboum P3) a 18.200 µSZcm (Darou Mboum P1), com uma elevada presença de cloro na água, mostrando a intrusão marinha no lençol freático. Em 8 anos, a situação evoluiu de forma crítica, com um aumento acentuado da salinidade da água.

Figura 42: Componentes químicos da água dos poços em Darou Mboumbaye em 2018

Diagrama de Stabler das fácies químicas das águas de Darou Mboumbaye

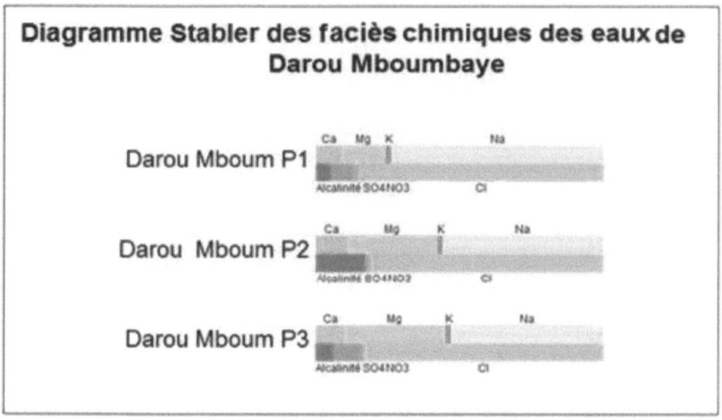

As fácies químicas da água do Darou Mboumbaye mostram uma forte presença de iões cloreto (2856,29 a 5393,40) e de iões sódio (1162,48 a 3028,02) nos poços, com uma maior quantidade de iões cloreto, devido à intrusão marinha, agravada pela abertura da brecha em 2003. A quantidade de iões é mais elevada nos primeiros poços (Darou Mboum. P1 e P2), com respetivamente 5.393,40 e 4.132,17 para o cloreto e 3.028,02 e 1.851,4 para o sódio, devido a uma deslocação da salinidade da aldeia para o interior (Darou Mboum. P1 fica a cerca de 15 m da aldeia, num campo abandonado).

O pH do solo de Darou Mboumbaye

O pH em 2010 foi quase o mesmo que em Taré (solos alcalinos), exceto que aqui todos os valores foram superiores a 8 (8,05 a 8,95). A acidez dos solos varia consoante os pontos de amostragem e as profundidades. Em Darou Mb. P1N2 (8,95), P2N2 (8,39) e P5N2 (8,26), a alcalinidade é mais elevada em profundidade do que à superfície. Em Darou Mb. P3N1 (8,31), P4N1 (8,64), P6N1 (8,38) e P7N1 (8,65), a situação é inversa, com uma alcalinidade mais elevada à superfície do que em profundidade, o que mostra uma evolução da alcalinização.

Figura 43: pH do solo em Darou Mboumbaye em 2010

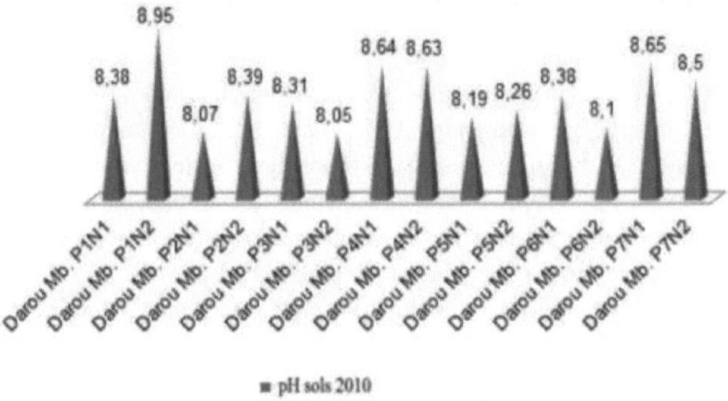

Os resultados de 2018 mostram níveis de pH básicos (8,87 a 9,34), com solos alcalinos que não são adequados para muitas culturas. Tal como em Taré, todas as amostras de solo apresentam níveis de pH elevados, mas as de Darou Mboumbaye são mais elevadas. Em relação a 2010, o pH , o que revela uma alteração da acidez do solo ao longo dos anos. O aumento do pH pode explicado pela salinidade da água de irrigação e pelas alterações climáticas, com chuvas irregulares. A humidade diminui o pH, tornando-o ácido ou neutro. Se houver menos água no solo, é provável que o pH aumente e se torne básico. Os adubos químicos aumentam a acidez. [9]A sua nitrificação ou absorção leva à produção de protões.

Figura 44: pH do solo em Darou Mboumbaye em 2018

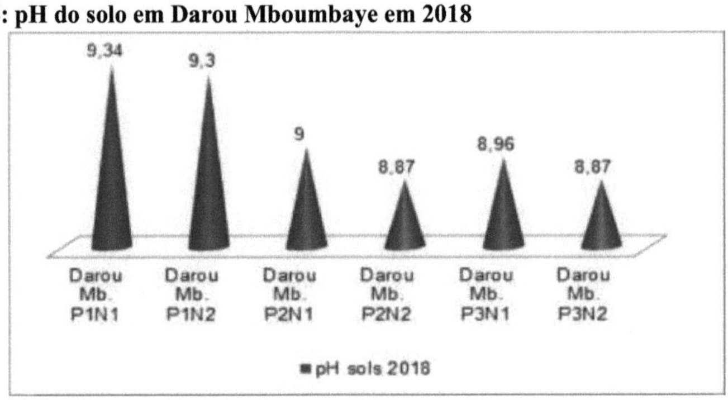

- As águas de Darou Mboumbaye

Os poços utilizados em Darou Mboumbaye em 2010 apresentavam uma água alcalina (> 7), variando de 7,26 a 7,97 nos campos cultivados e não cultivados, com um pH mais elevado no poço do campo abandonado (Darou Mboum P2), devido à irregularidade das chuvas e à diminuição do abastecimento de água. Os resultados de 2018 são melhores, com valores de pH que variam entre 8,05 e 8,19, mostrando uma alteração da alcalinidade ao longo dos anos, de 0,22 para 0,76. A alcalinidade da água piora com o passar dos anos. Uma síntese dos resultados permitirá esclarecer melhor a evolução do pH e da salinização nos *Niayes*.

3. Resumo dos resultados

3.1. Alterações do pH e da CE nos *Niayes* em 2010 e 2018

Em 2010, os resultados do pH revelaram solos alcalinos com variações de níveis consoante os pontos de amostragem. A alcalinidade do solo era mais elevada em Darou Mboumbaye (8,05

8O **protão**: é uma partícula subatómica "que se refere a partículas ou distâncias mais pequenas do que as dos átomos" com uma carga elementar positiva.

a 8,95) e mais baixa no Lago Wouye (5,18 a 8,30). Em 2018, registou-se um aumento do pH em quase todos os meios estudados. De 5,18 a 8,95 em 2010, o pH dos solos dos quatro locais passou de 7,2 a 9,34. Note-se que, em 2010, o pH apresentava solos ácidos, ligeiramente alcalinos, alcalinos e muito alcalinos. Os resultados de 2018 mostram uma alteração da situação, com um pH de solos neutros (Wouye P3N2), alcalinos e muito alcalinos.

A água era globalmente alcalina em 2010, com uma alcalinidade elevada nos poços da aldeia de Taré (8,23 a 8,32). O pH aumentou de 6,90 para 8,32 em 2010 e de 7,25 para 8,30 em 2018. O pH em 2010 mostrava uma água neutra (Tanma P1), ligeiramente alcalina e alcalina. Os resultados de 2018 mostram uma alteração da situação, com o pH da água alcalino.

Figura 45: Alterações no pH da água em diferentes locais em 2010 e 2018

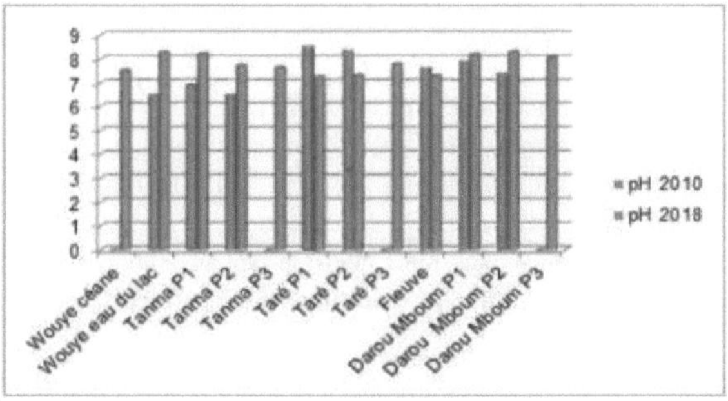

Os resultados da CE *de Niayes* mostraram solos não salinos em 2010, variando de 1 a 192,7 gSZ cm. Em 2018, registou-se um aumento da CE em quase todos os locais estudados, variando de 32 a 9.630 µSZcm, com solos não salinos (Lago Tanma, Taré e campos de Darou Mboumbaye), ligeiramente salinos e salinos (no Lago Wouye) a extremamente salinos (solo seco do Lago Tanma).

Figura 46: Alterações na CE do solo em diferentes locais em 2010 e 2018

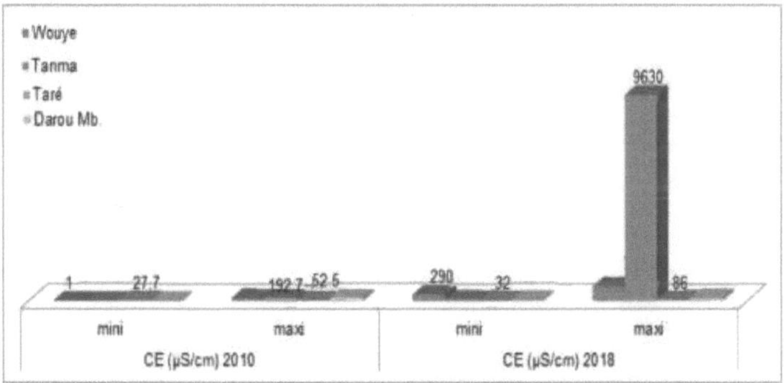

Em geral, a água é muito salgada na água do lago Wouye (26.680 µSZcm) e num poço no lago Tanma (10.920 µSZcm) em 2010. Observamos uma CE que aumenta de 1 para 26.680 µSZcm em 2010, e de 1.500 para 45.000 µSZcm em 2018. A CE mostra água não salina em Taré e Darou Mboumbaye, e água extremamente salina nos lagos Wouye e Tanma em 2010 e água muito salina (lago Wouye, Tanma P1), água extremamente salina (lago Wouye, Tanma P3, Taré P2 e P3, rio Senegal, Darou Mboum P1 e P3) em 2018.

Figura 47: Variação da CE da água em diferentes locais em 2010 e 2018

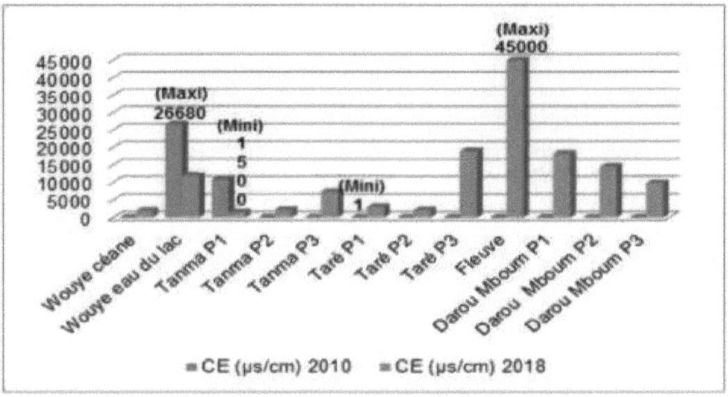

3.2. Alterações da salinidade no *Niayes* em 2010 e 2018

Os resultados obtidos em 2018 mostram a evolução da salinização no *Niayes* de 2010 a 2018 (8 anos). A maioria dos valores é superior a 2010 em todos os locais estudados. Para obter uma visão geral, calculámos a CE média para cada local, de modo a podermos fazer uma comparação entre eles e ter uma ideia mais clara de como a salinização está a mudar nos *Niayes*. Os resultados médios mostraram um aumento da salinidade no *Niayes* de 2010 a 2018.

Em 2010, os resultados médios mostraram maior salinidade em torno do Lago Wouye, com uma média de 85,71, e uma CE total de 1.200 µS/cm, seguido por Darou Mboumbaye 59,22 (CE total, 829,1 gS/cm), Taré 41,05 (CE total 574,8 µS/cm) e Lago Tanma 18,31 (CE total 256,4 µS/cm). As CEs cumulativas mostram solos ligeiramente salinos, salinos e muito salinos em 2010.

Em 2018, os resultados médios mostram uma maior salinidade no Lago Tanma, devido à elevada salinidade dos solos secos do lago (9630 µS/cm), com uma média de 1.649,83 e uma CE total de 9899 µS/cm. O lago Tanma é seguido pelo lago Wouye, com uma média de 457,16 (CE total 2743 µS/cm), Darou Mboumbaye 89,83 (CE total 539 µS/cm) e Taré 58 (CE total 348 µS/cm). As CE cumulativas para 2018 mostram solos ligeiramente salinos, salinos e extremamente salinos.

Figura 48: Valores médios de CE do solo para os vários locais em 2010 e 2018

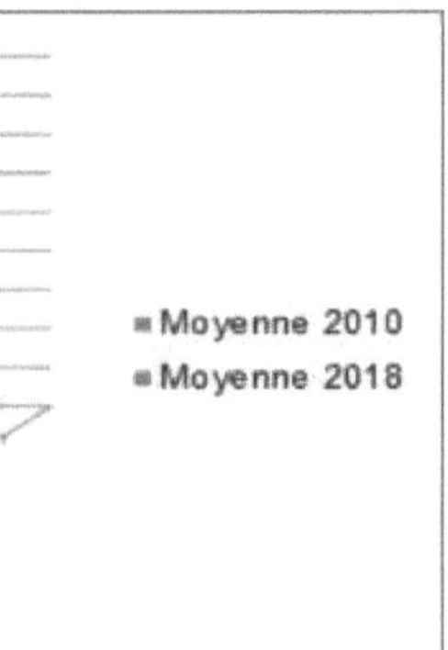

Em 2010, a água em Taré e Darou Mboumbaye não era salina (entre 1 e 30,5 µS/cm), mas extremamente salina no lago Wouye e no lago Tanma (de 10.920 a 2.680 µS/cm). Em 2018, as águas são muito salinas no lago Wouye (lago ceane, 1920 µS/cm) e no lago Tanma (Tanma P1, 1500 µS/cm) e extremamente salinas nas águas do lago Wouye (12000 µS/cm), lago Tanma (Tanma P2, P3), Taré (Taré P1, P2 e P3), Darou Mboumbaye (Darou Mboum 1, 2 e 3) e rio Senegal (45000 µS/cm).

A CE média em 2010, mostra uma maior salinidade da água no Lago Wouye, 26680, seguido pelo Lago Tanma (10.920) e Darou Mboumbaye (30,45). Em 2018, a salinidade da água foi mais elevada em Darou Mboumbaye, com uma média de 14.166,66, e uma CE total de 42.500 µS/cm, seguida de Taré (8.040), Lago Wouye (6.920) e Lago Tanma (3.676,66). Isto mostra que a salinização é um problema recorrente nos Niayes, mas sobretudo a salinização da água. Esta situação é indicativa de uma forte intrusão marinha na zona, favorecida pelas alterações climáticas (aquecimento global, erosão costeira, diminuição das chuvas, seca, salinização, etc.). Se tivermos em conta o rio Senegal na zona norte de *Niayes*, a salinidade da água é mais elevada no rio (45 000 µS/cm) em 2018, seguida de Darou Mboumbaye com uma CE total de 42 500 µS/cm, Taré (24 120 µS/cm), Lago Wouye (13 920 gSZ cm) e Tanma (11 030 µSZcm). A presença brecha e a irregularidade das chuvas na zona norte explicam esta situação.

Figura 49: Valores médios de CE da água em diferentes locais em 2010 e 2018

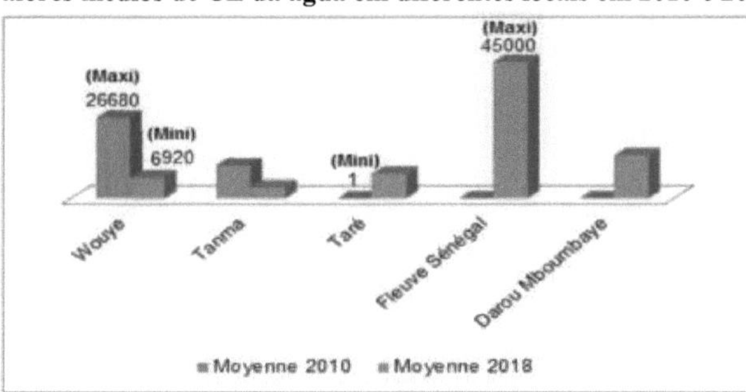

Entre 2010 e 2018, os CE dos meios de estudo sofreram alterações variáveis.

Ao nível do solo, o lago Tanma tem uma alteração que varia entre 48 e 9.437,3 µSZcm, seguido do lago Wouye com uma alteração de 289 a 523,9 µSZcm, a aldeia de Taré 4,3 a 33,5 µSZcm. Darou Mboumbaye registou um aumento do valor mínimo de 47 µSZcm e uma diminuição do valor máximo de 49,1 µSZcm, devido à utilização um poço menos salgado em 2018, o de 2010 foi abandonado.

Os resultados dos poços amostrados em Darou Mboumbaye P4N1 em 2010 e P2N1 em 2018), mostram uma salinidade mais elevada do poço abandonado (14 500 µS/cm), utilizado em 2010, enquanto o poço utilizado em 2018 é de 9 800 µS/cm.

Figura 50: Alterações na CE do solo nos locais de estudo em 2010 e 2018

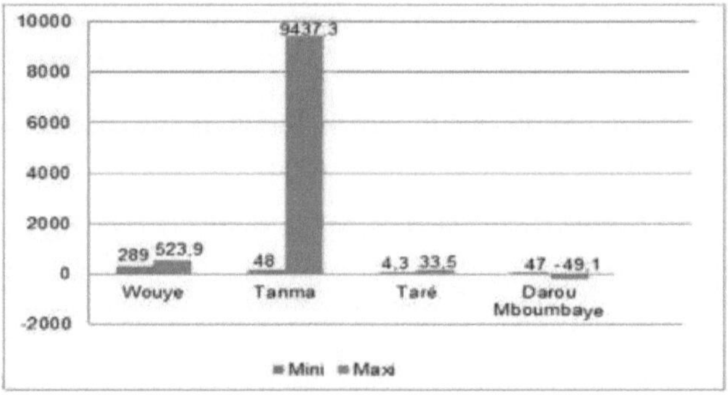

Em 8 anos (2010-2018), a aldeia de Darou Mboumbaye registou uma mudança acentuada na CE da água, com um aumento que varia entre 9.769 e 18.169,5 µS/cm, seguido de Taré entre 2.120 e 18.999 µS/cm, Lago Wouye 1.920 a 14.680 µS/cm e Lago Tanma 1.500 a 3.590 µS/cm. A alta salinidade dos poços Darou Mboumbaye e Taré mostra a extensão da intrusão marinha no *Niayes*, incentivada pela brecha.

Figura 51: Alterações nos níveis de água da CE nos locais de estudo em 2010 e 2018

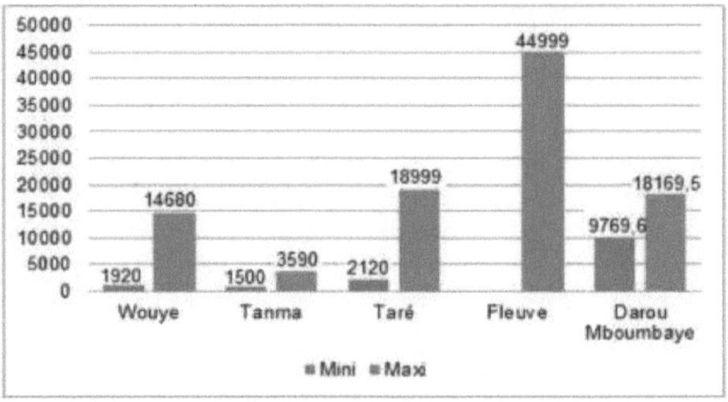

Conclusão

O capítulo 3 apresenta os resultados obtidos. As actividades de horticultura comercial dos locais de estudo enfrentam várias dificuldades relacionadas com a salinização. Os resultados dos inquéritos *in situ* forneceram informações sobre as diferentes culturas, a situação das parcelas e os rendimentos. Os resultados das análises mostraram a situação da salinização nos *Niayes*, que tem consequências para a horticultura comercial. A salinização tem evoluído ao longo dos anos, com um nível mais elevado na parte norte do *Niayes*, devido à brecha, que aumenta a intrusão marinha. No lago Wouye, verifica-se uma acumulação de sais à superfície e em profundidade, com uma salinidade elevada da água. Os níveis de pH são mais baixos no lago Wouye do que nos outros sítios.

No lago Tanma, a salinidade do solo é quase constante e a água não é adequada para irrigação porque a salinidade é demasiado elevada.

Taré tem uma CE do solo mais elevada à superfície do que em profundidade, e a sua água era alcalina em 2010 e extremamente salina em 2018. O rio Senegal passa de uma água alcalina para uma água extremamente salina em 8 anos (2010-2018).

Darou Mboumbaye tem solos alcalinos, com os níveis de pH mais elevados das quatro

regiões, águas alcalinas que não eram favoráveis a todas as culturas em 2010 e extremamente salinas em 2018. No geral, temos solos alcalinos em 2010 e em 2018, exceto no caso do solo do lago Tanma, que secou na região de Thiès, com solos salinos em 2018.
Os resultados revelaram a existência de águas salinas em todo o *Niayes*, com uma salinidade mais elevada no norte, nas regiões de Saint-Louis e Louga.
Em Dakar, a transformação do lago Wouye numa bacia de retenção fez baixar o pH em certos pontos em 2010, tornando o solo neutro ou ácido. Em 2018, com o recuo das águas, o pH sobe, tornando o solo alcalino. A inundação das parcelas torna-as impróprias para o cultivo, uma vez que a água do lago é altamente salina (devido à intrusão marinha). A análise dos resultados e a sua interpretação no capítulo 4 permitirão discutir os resultados apresentados no capítulo 5.

Capítulo 5

Análise, interpretação e discussão dos resultados

A região de *Niayes* debate-se com problemas demográficos e com uma forte urbanização. A agricultura urbana e periurbana é praticada na zona graças às condições pedológicas, hidrológicas e climáticas favoráveis. Nesta zona, o lençol freático é muito pouco profundo, entre 1 e 3 metros, consoante o local e a estação do ano. [10]A utilização de água do lençol freático ou de *Céanes* para irrigar os campos provocou a intrusão de água salgada, o que reduziu a qualidade água. Os anos de seca e as mudanças de isoietas registadas nos últimos anos conduziram a uma redução da pluviosidade de que depende a agricultura, principal fonte da economia nacional.

Esta situação tem repercussões no rebaixamento do lençol freático, o que leva à intrusão de água salgada. É importante assinalar que, para além das causas naturais, como a seca e a erosão costeira devido ao avanço do mar, o homem desempenha um papel importante no processo de salinização *da* zona de *Niayes.* A exploração excessiva dos lençóis freáticos (bombagem de água), a utilização excessiva de produtos químicos (pesticidas) e a abertura da brecha a sul de Saint-Louis provocaram um avanço da cunha salina em direção às zonas de hortas, causando uma salinização (aumento dos cloretos e dos sulfatos) e uma alcalinização (aumento dos bicarbonatos) que têm vários impactos nas actividades das hortas. Esta situação de salinização e alcalinização do solo e da água não é isenta de consequências para as plantações.

O sal perturba o desenvolvimento das plantas, limitando a absorção de nutrientes e reduzindo a qualidade da água disponível para as plantas. Níveis elevados de salinidade do solo provocam o murchamento das plantas devido ao aumento da pressão osmótica e aos efeitos tóxicos dos sais. O excesso de sódio leva à destruição da estrutura do solo, que se torna incapaz de suportar o crescimento das plantas devido à falta de oxigénio. A salinização aumenta a impermeabilidade camadas profundas do solo e este deixa de poder ser utilizado para todas as culturas. A interpretação e a discussão dos resultados permitirão esclarecer melhor a salinização dos nossos sítios de estudo.

1. Interpretação e discussão dos resultados da análise

Os resultados da análise da amostra mostram que o solo é alcalino, o que tem um impacto negativo na horticultura comercial.

1.1. Localização dos locais de estudo

Todos os quatro locais têm solos não salinos, exceto os solos amostrados no Lago Wouye em 2018 (Wouye P2N2 e P3N2), com solos salinos (533 µS/cm e 670 µS/cm) e na superfície do Lago Tanma seco, que são extremamente salinos (9.630 µS/cm).

De acordo com Durand J. H. (1983), de 0 a 500 µS/cm temos solos não salinos que têm um efeito negligenciável no rendimento, enquanto que de 500 a 1000 µS/cm, temos solos ligeiramente salinos que reduzem o rendimento de culturas muito sensíveis ao sal, tais como Wouye P2N2 (533 µS/cm) e Wouye P3N2 (670 gS/cm).

Sow (2001) mostra que o lago Tanma tem níveis de salinidade muito elevados. O autor mostra a predominância de *Cyprideis*, que caracteriza uma lagoa que está a secar num clima semi-árido. *Cyprideis nigeriensis* é uma espécie que se encontra em lagoas e estuários onde a salinidade atinge ou ultrapassa os 35^ durante a maior parte do ano. Este facto confirma a

[10] **Céane**: poço tradicional, frequentemente pouco profundo, que pode ser aberto manualmente.

salinidade da água do Lago Tanma e do solo retirado do lago seco em 2018. Esta salinidade está a agravar-se com a irregularidade da precipitação ao longo dos anos, com repercussões na horticultura comercial da zona.

Ndiaye (2008) fala do abaixamento do lençol freático que contribuiu para a subida da cunha salina, poluindo vários poços que confinam com o lago Tanma. Estas constatações foram confirmadas pelas nossas análises em 2018, que mostraram poços com água salina (1.500 a 7.330 µS/cm).

Elouard et al (1977) afirmam que o lago Tanma permaneceu em comunicação com o mar até recentemente. Em 2019, com o aquecimento global e o avanço do mar, podemos dizer que ainda existe uma forte intrusão marinha no lago. Em 2018, nota-se a maior salinidade nas águas (Rio Senegal: 45.000 µS/cm, Taré P3: 19.000 µS/cm, Darou Mboum P1: 18.200 µS/cm, Darou Mboum P2: 14.500 µS/cm, água do lago Wouye: 12.000 µS/cm, Darou Mboum P3: 9.800 µS/cm, Tanma P3: 7.330 µS/cm, Taré P1: 3.000 µS/cm, Tanma P2: 2.200 µS/cm, Taré P2: 2.120 µS/cm, água do lago Wouye: 1.920 µS/cm, que apresentam níveis de salinidade graves.

Em geral, a água utilizada para irrigação deve ter um grau de salinidade baixo a médio, ou seja, uma CE de 600 a 1.700 µS/cm (lenntech, 1998). Apenas o Tanma P1: 1.500 µS/cm tem uma salinidade razoável para irrigação. Podemos deduzir daqui que os problemas de salinidade nos *Niayes* têm origem principalmente na água, devido ao aquecimento global (avanço do mar, diminuição da precipitação, diminuição do lençol freático, etc.). Há também causas antropogénicas, como a bombagem excessiva de águas subterrâneas, que contribui para a intrusão marinha e a subida do sal à superfície. A horticultura comercial requer grandes quantidades de água. Para cultivar uma superfície de um hectare, é necessário um caudal permanente de água de 80 m^3 por dia, retirado diretamente do lençol freático, cuja reposição é atualmente muito lenta (Diagne, 2008). O lençol freático, outrora muito elevado, está a afundar-se sob as repetidas investidas de bombagem. Muitas terras foram abandonadas por serem inférteis, mas o principal problema é a má gestão dos solos alcalinos e salinos e a má utilização da água salina na irrigação das plantas. É importante ter em conta os tipos de solo, a fim de isolar as culturas mais adaptadas a esses solos. Nos *Niayes*, pensa-se que a salinização se deve aos défices de precipitação (descida do nível freático) e à intrusão marinha. O fenómeno da invasão marinha, que pode estender-se vários quilómetros para o interior, constitui um risco importante para as regiões costeiras. Em certas condições, a água salgada espalha-se para o interior e contamina as águas subterrâneas próximas do mar (Morsli et al., 2017). A invasão da água doce pela água salgada conduz à degradação dos solos e à salinização resultante da irrigação com esta água (Hamza, 2015).

resultados de 2018 mostraram uma elevada salinidade da água na zona norte de *Niayes*, especialmente em Gandiolais, com uma salinidade mais elevada do que nos outros locais de estudo. Em Darou Mboumbaye, a CE varia entre 9.800 e 18.200 µS/cm. Diatta (2004), afirma que a agricultura está ameaçada em Gandiolais devido à subida da salinidade acentuada pela abertura da brecha em 2003. Nos Ndioukis, o aumento da taxa de salinização conduziu a uma diminuição dos rendimentos e ao abandono de muitas hortas adjacentes ao cordão vivo. Os resultados de 2010 e 2018 evidenciaram o impacto negativo da salinização na horticultura comercial, em grande parte devido à abertura do fosso. Além disso, registou-se uma forte intrusão marinha nos Gandiolais, favorecida pela brecha. Os resultados das análises efectuadas no rio em 2018 confirmam esta situação, com uma CE de 45 000 µS/cm.

Diallo (2005), afirma que a análise da evolução do lençol freático de Gandiolais apresenta resultados muito preocupantes. O nível do lençol freático está a baixar de ano para ano, com consequências inestimáveis para os recursos hídricos e as actividades socioeconómicas. Estas alterações estão atualmente a travar o desenvolvimento local da zona costeira dos Gandiolais. Estes resultados confirmam os nossos argumentos sobre a descida do nível do lençol freático nos nossos locais de estudo, contribuindo para o aumento da salinidade.

Os resultados de Jacoutot (2006) no sector de Darou Mboumbaye mostram uma salinidade bastante elevada, com uma média de 4.900 µS/cm (2,6 g/l) entre Mboumbaye e Mbao, na orla da laguna, que é permanentemente muito salgada. Na parte sul do sector, a salinidade chega a atingir 9 520 µS/cm (5,40 g/l).

A salinização levou ao abandono das terras (Lago Wouye 92 ha, Lago Tanma 4.720 m^2, Taré 8 ha, Darou Mboumbaye 2.250 ha), a rendimentos mais baixos (Lago Wouye menos 1 tonelada após 2008, Lago Tanma menos 1 tonelada durante mais de 10 anos, Taré menos 20 toneladas em 2017 e 2018, após a abertura da brecha, Darou Mboumbaye menos 12 toneladas em 2017 e 2018, após a abertura da brecha).

Os estudos efectuados após 2010 confirmaram os nossos resultados. Ndiaye et al (2012) afirmam que a zona de Niayes fornece a maior parte da produção vegetal do Senegal, mas o seu potencial agrícola foi seriamente reduzido pela degradação dos solos devido aos riscos climáticos das últimas décadas e às más práticas de cultivo. A salinização dos solos, mais acentuada nas terras baixas do sul do país, explica-se pelo rebaixamento do lençol freático e pela intrusão de água do mar. Acresce a este facto o afluxo significativo de água do mar nas zonas próximas do oceano, bem como os efeitos da barragem de Diama e do canal de socorro na Langue de Barbarie em Saint-Louis. De acordo com o estudo, a salinização do solo nos *Niayes* de Pikine pode ser atribuída, em grande parte, a um défice de precipitação, que é a causa do abaixamento do lençol freático e da intrusão da água do mar no interior. Este facto foi confirmado pelos nossos resultados de 2018 no lago Wouye de Malika, situado nos Niayes de Pikine, com uma CE de água entre 1.920 e 12.000 µS/cm, e na aldeia de Darou Mboumbaye em Saint-Louis (9.800 a 18.200 µS/cm).

Neste contexto, Diallo et al (2014), afirmam que várias zonas irrigadas estão sujeitas a graves problemas de salinização nos Niayes de Saint-Louis, resultando na degradação do solo e numa queda da produtividade. A salinização tem um impacto negativo nas propriedades físicas, químicas e biológicas do solo, bem como no rendimento das plantas. Estes resultados confirmam os resultados das nossas análises de 2010 e 2018 em Gandiol (na aldeia de Darou Mboumbaye). As análises de amostras de solo e de água recolhidas em várias aldeias de Gandiol (Mboltime, Kalassane, Keur Saer, Ndoye Diagne, Rimbakh, Deggu Niaye e Ricotte) mostram que o pH varia nos poços de moderadamente ácido (Mboltime), neutro (Kalassane, Keur Saer, Ndoye Diagne, Rimbakh) a ligeiramente alcalino (Deggu Niaye e Ricotte). A CE é salina em Keur Saer, muito salina em Kalassane, Mboltime e Ndoye Diagne, e extremamente salina em Deggu Niaye, Rimbakh e Ricotte com níveis extremamente elevados nos últimos três locais (entre 4.414 e 5.843 µS/cm). As nossas amostras de 2018 mostram uma mudança na salinidade da água em Gandiol, com uma CE de 9.800 a 18.200 µS/cm. resultados da análise do solo mostraram que existe uma diferença significativa entre os valores de pH e CE entre a água e o solo. O pH é maior no solo, enquanto a concentração de sal é maior na água do poço, assim como nossos resultados de 2018 mostraram, em contraste com 2010 e 2014, quando houve um aumento no pH (8,87 a 9,34 para o solo e 8,05 a 8,19 para a água) e CE, (48 a 124 µS/cm para o solo e 9.800 a 18.200 µS/cm para a água). O estudo mostrou que a salinização da água é generalizada em toda a parte norte do *Niayes*. A salinização menos acentuada do solo poderia ser explicada pela utilização de estrume pelos produtores para combater a salinidade.

De acordo com os resultados obtidos, a salinidade contaminou tanto a água como o solo. A estrutura particulada associada à textura arenosa dos solos não ajuda na medida em que a água de irrigação atinge diretamente o lençol freático. Diallo et *al* (2015) produziram alguns resultados interessantes no seu estudo sobre a salinização dos solos na parte norte do Niayes. Os seus resultados mostraram solos neutros a ligeiramente ácidos e solos muito ácidos a ligeiramente ácidos. Esta situação alterou-se em 2018, com solos alcalinos em quase toda a área de *Niayes*.

Para a condutividade elétrica, temos solos não salinos, ligeiramente salinos e muito salinos. Os nossos resultados de 2018 mostram solos não salinos no norte (48 a 124 µs/cm), com uma CE mais elevada na aldeia de Darou Mboumbaye, certamente devido ao nível de salinidade da água do poço (9800 a 18200 µs/cm). Niang (2017), obteve resultados interessantes no estudo da salinização do solo e da água na zona norte de *Niayes*. Os seus resultados mostraram valores indicativos de água altamente mineralizada. Na aldeia de Mboumbaye, que está no mesmo sector que Darou Mboumbaye, os resultados deram uma CE de 15.270 µs/cm na água, que está no mesmo intervalo que os nossos resultados de 2018 em Darou Mboumbaye (9.800 a 18.200 µs/cm). Os resultados de 2017 mostraram um lençol freático mais ou menos saturado de sal, impróprio para irrigação, que parece estar a atingir as suas margens de amortecimento, e uma natureza não estática da CE do lençol freático quaternário. Estes dados são confirmados pelas análises de 2018, que mostram que a água é altamente salina, tornando-a imprópria para irrigação. Apenas algumas culturas produzem rendimentos satisfatórios, o que nos permite avaliar as causas da salinização nos nossos locais de estudo, para compreender melhor o fenómeno.

1.2. Causas da salinização nos diferentes locais

1.2.1. Causas naturais

Vários fenómenos naturais contribuíram para a salinização dos sítios-alvo. A longo prazo, estes fenómenos conduziram à secagem de vários cursos de água, ao rebaixamento do nível freático, à intrusão marinha, à salinização e à consequente degradação das terras agrícolas. Estes fenómenos incluem a seca e a subida do nível do mar.

♦*♦ Seca climática

A seca é a principal causa da degradação do solo nos Niayes. Foram efectuados vários estudos para demonstrar o papel principal da seca na degradação do solo. O relatório preliminar da FAO sobre : O relatório preliminar da FAO de 2003 sobre "a avaliação da degradação dos solos no Senegal" mostra que a seca dos anos 70 foi, de certa forma, o ponto de partida de um longo processo de degradação dos solos no Senegal, nomeadamente nos *Niayes*. Os estudos de Ndao (2012) mostraram que os períodos de seca dos anos 1970, 1980 e 1990 foram marcados por uma diminuição da precipitação. Durante este período, a evolução espacial e temporal dos Niayes caracterizou-se por uma redução da superfície das zonas húmidas, nomeadamente pelo desaparecimento das zonas permanentemente inundadas (secagem dos lagos Mbeubeuss, Reubeut, Warouwaye, Wouye, Tanma, etc.), a favor de uma extensão espacial dos solos com hidromorfia parcial e hidromorfia parcial com salinidade. O estudo mostra que estas alterações ambientais são o resultado de uma seca persistente, cuja intensidade, duração e extensão são únicas nos registos climáticos dos últimos cinquenta anos. Os défices de precipitação registados nos últimos anos variam em gravidade de ano para ano. Os volumes de água foram consideravelmente reduzidos e a precipitação é mais irregular no tempo e no espaço.

Ndong (1995) mostra que, a partir de 1970, tem havido um défice crónico de precipitação em toda a região. Por década, o período de 1961 a 1970 registou pouca precipitação, com apenas dois anos excedentários, 1967 e 1969. De 1961 a 1965, houve cinco anos com pouca precipitação, sendo 1968 e 1970 os anos mais deficitários da década. A partir da década de 1970, iniciou-se um período de seca, caracterizado pela sua duração, intensidade e extensão. Os anos de maior seca no período 1971-1993 foram 1972, 1973, 1976, 1977, 1983, 1984, 1990, 1991 e 1992. A isoieta de 500 mm desce de 180 a 200 km a sul da fronteira com a Gâmbia. As isoietas de 800 e 1.000 mm descem cerca de 120 km mais a sul em relação ao período 1961-1990, enquanto a isoieta de 1.200 mm apenas afecta uma parte muito pequena do território, o que mostra a migração das isoietas para sul. A precipitação média anual varia entre 200 mm no norte e 500 mm no sul, com uma distribuição desigual da precipitação mensal e diária ao longo do ano. As tendências da precipitação interanual entre 1930 e 2012 mostram que existe um elevado grau de variabilidade climática na zona, com períodos de excesso e de défice de precipitação, nomeadamente o longo período de défice de precipitação no Sahel desde a década de 1970 (PADEN, 2017). Este facto aumenta o risco de seca.

Aguiar (2009) recorda que o Sahel sofreu anos de seca nas últimas décadas, nomeadamente nas décadas de 1970, 1980 e 1990, quando a precipitação diminuiu cerca de 40% (Hulme *et al.,* 2001). Entre os períodos 1950-1969 e 1970-1989, a precipitação média anual diminuiu 46% em Dakar, 39% em Thiès, 43,7% em Louga e 35% em Saint-Louis, o que dá uma variação regional de mais de 41%. O nível médio das águas subterrâneas baixou entre 1 e 5 m, ou seja, entre 7 e 30 cm/ano, desde 1965 (SGPRE, 2003). Uma descida do nível do aquífero que compromete a horticultura de mercado no Niayes, colocando os objectivos de autossuficiência alimentar da região (que produz mais de 80% dos legumes do Senegal) ainda mais fora de alcance (Tall e Fall, 2001). A evapotranspiração é o principal fator de descarga de água subterrânea. Anos de seca afectaram gravemente as redes hidrográficas dos Niayes. Várias destas águas de superfície (Lac Tanma, Wouye, Mbeubeussé, etc.) . Apenas algumas (Wouye) recuperaram as suas caraterísticas durante as estações chuvosas de 2000, 2002, etc. A secagem das águas superficiais foi acompanhada por uma descida dos lençóis freáticos, provocando uma subida do nível de salinidade, acentuada por uma bombagem excessiva dos lençóis para irrigação, necessidades de água potável, etc. A seca resultante das alterações climáticas globais está a provocar uma subida do nível geral do mar.

❖ **Efeito da subida do nível do mar na salinização**

O degelo dos glaciares nos pólos e a expansão das águas resultam numa maior pressão das águas marinhas sobre o continente e sobre as costas. A pressão sobre as fácies arenosas (locais de estudo) explica a maior propagação/extensão da cunha salina sobre a rocha sedimentar solta: a areia.

Este facto é confirmado por um estudo realizado pelo Ministério do Ambiente em 2006, que mostra que a erosão costeira afecta quase todas as grandes cidades costeiras do Senegal. As taxas de recuo da linha de costa observadas são variáveis, mas situam-se em média entre 1 e 2 m por ano para as praias arenosas (UNESCO, 2019). Em Taré, numa zona onde a Langue de Barbarie é desprovida de vegetação e, por conseguinte, não reduz a força do vento noroeste sobre a laguna, a recessão das arribas atinge 1 m/ano (Sy et al, 2013).

Estas dinâmicas estão fortemente associadas. A subida do nível do mar é a causa mais diretamente ligada às alterações climáticas (SSC, 2015). Com base nos registos do marégrafo de Dakar, estima-se que, no último século, o nível do mar tenha subido em média 1,4 mm por

ano. Um segundo fator que pode estar relacionado com o clima é a ocorrência de ondulações muito fortes, responsáveis por cortes nos espigões costeiros acompanhados de um recuo muito rápido de certas partes do litoral (Ministério do Ambiente, 2006).
Todos estes factores estão na origem do problema recorrente da intrusão marinha nos nossos locais de estudo (convém recordar) e mesmo em toda a região de *Niayes*. O Senegal enfrenta uma invasão dos seus rios, lençóis freáticos e solos por águas marinhas. Desde a seca que se instalou no final dos anos 60, os caudais dos rios diminuíram fortemente (Ministério do Ambiente, 2006).
Kane (2005) demonstrou que o caudal médio interanual do rio Senegal continuou a diminuir: 771 m^3/s em 1968, 765 m^3/s em 1971, 715 m^3/s em 1983 e 650 m^3/s na sua foz em 2019. Esta redução do caudal do rio, combinada com o gradiente muito baixo na zona costeira, permitiu que a água do mar subisse o rio, favorecida pela brecha. A seca provocou uma descida do nível piezométrico e um avanço da intrusão salina (cunha salina), com uma forte presença de aniões (Cloreto, 13.595 mg/l) e catiões (Sódio, 8.034,18 mg/l), que são os iões dominantes.
Desde 1968, o nível piezométrico desceu de 5 a 10 m no nappe da costa norte. No aquífero das areias sub-basálticas, entre 1947 e 1987, a cunha salina avançou a uma taxa média de 35 m/ano, levando ao abandono de vários furos (Gaye et al, 1989). O défice de precipitação registado desde o início dos anos 70 acelerou os primeiros processos que conduziram à salinização e à acidificação dos solos estuarinos. Esta degradação química dos solos destruiu ou reduziu qualquer possibilidade de desenvolvimento das terras. A situação é agravada pela elevada procura de águas subterrâneas, nomeadamente na região de *Niayes*. A água (Lago Wouye, cloreto (232,40 a 610), sódio (92,05 a 2072,34) e o solo (solo alcalino e água salina) estão cada vez mais sujeitos à intrusão salina. Assiste-se a uma invasão marinha ao longo de todo o litoral, com uma erosão de cerca de 1 m por ano (Sy, 2017). Este fenómeno foi acelerado pelo desaparecimento de várias árvores filaos ao longo da costa (por exemplo, o lago Wouye), que ajudavam a fixar as dunas de areia. As estimativas apontam para uma subida do nível do mar de 1 a 3 m até 2100 (Ray, 2015).

Figura 52: Subida do nível do mar de 2017 a 2100

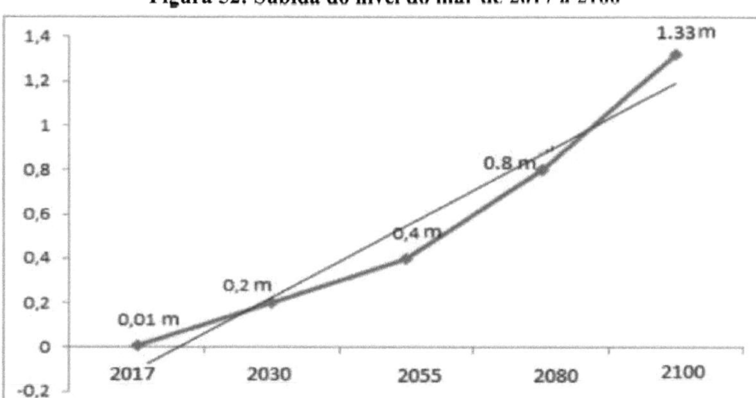

Fonte: M. Fall, Projeção baseada em dados do Banco Mundial de 2017

Para além das causas naturais, os quatro locais de estudo são confrontados com causas antropogénicas que afectam a qualidade do solo e da água: utilização de produtos químicos, bombagem excessiva de águas subterrâneas, abertura da brecha da Langue de Barbarie.

1.2.2. Causas antropogénicas

As causas antropogénicas neste caso são a utilização cada vez mais maciça de produtos químicos, a bombagem excessiva do lençol freático e a abertura do fosso na Langue de Barbarie.

- **Utilização de produtos químicos**

Os horticultores comerciais *de Niayes* são grandes utilizadores de produtos químicos (por exemplo, NPK). Muitos usam-nos excessivamente, numa tentativa de aumentar a produção e obter mais rendimentos. Alguns utilizam-nos para reparar solos degradados ou empobrecidos, o que tem consequências para a terra e para a horticultura comercial na zona. As más práticas agrícolas, como a utilização de herbicidas, pesticidas ou adubos solúveis, empobrecem e desestruturam o solo (o húmus desaparece).

O resultado é a estratificação, a erosão e a compactação do solo, bem como a sua incapacidade progressiva de absorver e reter água. A desestruturação do solo conduz à degenerescência das plantas. As águas subterrâneas são afectadas pela poluição por nitratos, nomeadamente na zona urbana de Pikine, em Dakar, onde as concentrações podem atingir 200 a 400 mg/l (Tandia, 2000). Os principais pesticidas atualmente utilizados na região de Niayes pertencem a algumas famílias químicas importantes:

- Os organofosforados são compostos sintéticos que se degradam muito rapidamente no ambiente, mas que têm efeitos neurotóxicos nos vertebrados;
- Os organoclorados (hidrocarbonetos clorados), como o DDT, são pesticidas muito estáveis do ponto de vista químico. O DDT foi utilizado em todo o mundo para combater os insectos, até se descobrir que não era facilmente degradável e que se podia concentrar nos organismos no final da cadeia alimentar, através da bioacumulação, com riscos para a saúde humana. A sua utilização proibida em muitos países de clima temperado, mas muitos ainda se encontram em ambientes aquáticos. Também continuam a ser utilizados em alguns países tropicais;
- Os carbamatos, altamente tóxicos, são utilizados como insecticidas e fungicidas;
- piretróides, que são altamente tóxicos a extremamente tóxicos para os peixes e a vida selvagem

aquáticos. Trata-se de produtos de ação rápida (efeito de choque após alguns minutos), com níveis variáveis de persistência e um amplo espetro (Bauer, 2007).

Quadro 4: Alguns pesticidas referidos pelos horticultores

Nome comercial	Ingrediente ativo (MA)	Concentração de MA	Formulação	Objectivos
		Organofosfatos		
Malatião	Malatião	500 g/l	CE	IA
Tamaron	Metamidofos	600 g/l	CE	IA
Dimethoath	Dimethoath	350 g/l	CE	A
Metafos	Metamidofos	600 g/l	CE	IA
Carbamatos				
Lannate	metomil	90 %	WP	I
Piretrino'ídes				
Decidido	deltametrina	25 g/l	CE	I
Symbush	cipermetrina	50 g/l	CE	I
Cipermetrina	cipermetrina	50 g/l	CE	I

Fonte: IDRC (2001)

Nota: EC = concentrado emulsionante, WP = pó molhável, A = acaricida, I = inseticida.

A investigação do IDRC (2001) mostra que os adubos químicos com a fórmula 10-10-20 (NPK) são utilizados, em doses que variam entre 150 e 600 quilogramas por hectare, consoante a cultura. Existe uma grande variedade de fertilizantes orgânicos, mas o problema da qualidade mantém-se. Nos Niayes, os resíduos das culturas são principalmente utilizados para alimentar o gado, o que cria um grave problema de disponibilidade de biomassa. A fertilização mineral é muito utilizada na zona em comparação com o resto do país, como é o caso da bacia do amendoim. As fontes de abastecimento são bastante importantes no agrossistema de Niayes, ainda que o acesso a estes factores de produção continue a ser difícil para alguns devido ao isolamento e, por vezes, à insuficiência de rendimentos. No entanto, os produtos comercializados pelos vendedores ambulantes e mesmo pelos grossistas são de qualidade duvidosa. Este facto deve-se às múltiplas reembalagens e ao fabrico caseiro destes compostos agro-farmacêuticos. Este facto tem um impacto na qualidade do solo.

Os fertilizantes químicos são muito utilizados na horticultura comercial para compensar as carências minerais das plantas. É utilizada uma grande variedade de fertilizantes, mas nem todos são recomendados, nomeadamente os pesticidas organoclorados. Estes caracterizam-se pela sua toxicidade, pela sua persistência no ambiente, pela sua tendência para se bioacumularem nas cadeias alimentares, pela sua capacidade de viajarem milhares de quilómetros desde o seu ponto de origem e pelas suas consequências para a saúde humana: perturbações neurológicas, cancros, anomalias nos órgãos reprodutores, deficiências mentais nas crianças, esterilidade. Os adubos mais utilizados são a ureia, os adubos 10-10-20, 10-10-15, 06-20-10, o sulfato de potássio e os adubos foliares (IDRC, 2001).

De acordo com Jacoutot (2006), as técnicas de fertilização são por vezes mal dominadas, especialmente quando se trata da utilização de fertilizantes químicos pelos pequenos produtores. Estes são muito utilizados na horticultura comercial para compensar as carências minerais das plantas. A qualidade e a quantidade dos adubos minerais utilizados variam em função do tipo de solo do substrato, da dimensão da exploração e do tipo de cultura. Os adubos mais utilizados são a ureia, o sulfato de potássio, os adubos foliares 10A, 15A, 10-10-20, 18-46-00, 06-20-10, 10-10-15, etc. O 10-10-20, vulgarmente designado por "adubo de horta", é o mais utilizado na zona, pois é o mais adequado às necessidades das culturas de horta, em doses que variam entre 150 e 600 quilogramas por hectare, consoante a cultura e o orçamento dos horticultores. Os pesticidas e fungicidas são também muito utilizados para combater os insectos nocivos, mas, tal como os adubos químicos, estes produtos têm consequências para o solo e para as plantas se não forem utilizados de forma sensata.

Foto 20: Produtos químicos utilizados pelos horticultores

Fonte: Ray Weil dezembro 2009 Potou

A imagem 1 mostra os fertilizantes N-P-K, enquanto a imagem 2 mostra caixas de sementes e pacotes de fungicida para plantas.

Apesar da redução das terras aráveis, a utilização de doses elevadas de produtos químicos parece ser uma opção imparável para intensificar a produção. Existe uma grande variedade de fertilizantes orgânicos, mas o problema é de qualidade. Os excrementos de animais são muito utilizados, nomeadamente os de cabra, que são espalhados nas plantas de cebola e de cenoura. Os resíduos de culturas são principalmente utilizados para alimentar o gado, o que cria um grave problema de disponibilidade de biomassa. Demasiados resíduos de culturas são perdidos por queima, enterramento ou dispersão pelo vento nos campos. O estudo mostra que a utilização de produtos fitossanitários é largamente dominada por produtos organofosforados, a maioria dos quais são quimicamente relacionados e altamente tóxicos. A sua elevada persistência significa que se acumulam nos alimentos. A falta de informação é responsável pela utilização excessiva de pesticidas.

- **Bombagem excessiva do lençol freático**

A bombagem excessiva de água subterrânea provoca a subida da água salgada à superfície por ação termocapilar, através da rega. Aguiar (2009) refere que, embora os factores naturais (menor pluviosidade e evapotranspiração) sejam os principais responsáveis retirada de água subterrânea em 1974, a descida do nível piezométrico tem sido acentuada pelas retiradas antropogénicas, sobretudo nas últimas 2 décadas. As medições que efectuou nos poços mostram que as flutuações diárias podem variar de 0,50 m a 2 m. Mostra que as descidas piezométricas mais acentuadas foram registadas durante a seca dos anos 70 e 80, com uma descida média gradual de quase 0,51 m em cada dez anos. A projeção feita em relação ao resultado de Aguiar revela uma queda piezométrica de cerca de 2,55 m de 1970 a 2020 (50 anos). A queda da piezometria favorece a salinização do lençol freático, com a CE da água variando em 2018 de 1920 a 12.000 pSZ cm no lago Wouye, 1.500 a 7.330 µSZcm no lago Tanma, 2.120 a 19.000 µSZcm em Taré, 9.800 a 18.200 µSZcm em Darou Mboumbaye.

Os resultados mostraram que a bombagem de água contribui para aumentar os níveis de salinidade, com uma salinidade elevada nos poços ainda em utilização (Wouye céane 1.920 µSZcm, Tanma P3 7.330 µSZcm, Taré P1 3.000 µSZcm, Darou Mboum P3 9.800 µSZcm). A elevada salinidade da água de irrigação contribui para a degradação do solo, levando a rendimentos mais baixos.

Douaoui e Hartani (2007) mostram que a utilização de águas subterrâneas salinas para irrigação contribui para a degradação da qualidade do solo, manifestada pelo aumento da salinização ou sodização. A proximidade do mar também tem influência na salinidade do solo através da precipitação carregada de cloretos.

Segundo Ndiaye (2012), o fenómeno de salinização dos solos é mais acentuado nas zonas baixas onde o lençol freático é pouco profundo. O fenómeno de invasão marinha, que pode estender-se vários quilómetros para o interior, constitui um risco importante para as regiões costeiras que dependem das águas subterrâneas para o seu abastecimento de água. Em determinadas condições, a água salgada espalha-se para o interior e contamina as águas subterrâneas próximas do mar. Esta invasão da água doce pela água salgada provoca a degradação e a salinização dos solos.

- **Abertura da brecha na Langue de Barbarie em 2003**

Em outubro de 2003, uma parte da cidade de Saint-Louis foi ameaçada por uma inundação que atingiu uma altura de 175 cm. Em resposta, foi encontrada uma solução de emergência:

abrir um canal de alívio (brecha) na costa arenosa da Langue de Barbarie.

Foto 21: Transbordamento do rio em Saint-Louis

Fonte: Direção Regional de Hidráulica de Saint-Louis (Camara, 2008)

A fotografia 21 mostra o rio a transbordar das suas margens em setembro de 2003, antes da abertura da brecha.

Foi neste contexto que as autoridades locais e o diretor do departamento regional de hidráulica decidiram abrir, na noite de 3 para 4 de outubro de 2003, um "canal de socorro" de emergência, com 1,5 m de profundidade, 4 m de largura e 100 m de comprimento, escavado a cerca de 7 km a sul da cidade, com o objetivo de baixar o nível da água e assim evitar a inundação da zona urbana de Saint-Louis, facilitando a evacuação mais rápida das águas do rio para o mar. Esperava-se reduzir as zonas inundadas em cerca de 40%, nomeadamente nas zonas em redor de Saint-Louis (Diatta, 2004).

Foto 22: Abertura da brecha do "canal de alívio"

Fonte: Direção Regional das Águas de Saint-Louis (Camara, 2008)

As fotografias 22 (1 e 2) mostram os primeiros momentos da abertura da brecha na Langue de Barbarie (LB), para resolver os problemas de inundação em Saint-Louis.

O canal baixou o nível da água em 1 m, evitando as inundações (Diouf 2013). Inaugurada com o objetivo de facilitar escoamento águas em direção ao mar durante os períodos de cheia e de proteger Saint-Louis das inundações, a brecha pode ter sido um alívio para a cidade, mas não para toda a população da zona. Causou numerosos danos em certas zonas da região e alterou profundamente a morfodinâmica do espigão e o funcionamento hidrológico do rio Senegal em relação influência do mar. Desde a sua abertura, foram efectuados numerosos estudos para mostrar as consequências de uma decisão tomada à pressa para resolver uma situação, no ambiente imediato da região.

Camara investigou a abertura da brecha e as suas consequências em 2008. Segundo Camara, a abertura da brecha na Langue de Barbarie teve um enorme impacto num ambiente onde se desenvolvem várias actividades lado a lado: pesca, turismo e agricultura. Todas estas actividades serão perturbadas pela abertura do fosso, alterando a forma como se organizam na Langue de Barbarie. Desde a abertura, o fosso alargou consideravelmente, cerca de 7 000 m em 2020. Este fenómeno explica-se pelo efeito da corrente de deriva norte-sul. Esta corrente está a tornar-se cada vez mais forte devido à intensidade da ondulação e à força das cheias do rio. Este facto conduz a alterações nos processos hidrossedimentares, ou seja, à erosão do fundo marinho no final do "canal de alívio".

De uma largura de 4 metros quando foi aberto pela primeira vez, o canal atingiu uma largura de 250 m 3 a 4 dias após a escavação (Camara, 2008). A largura do canal aumentou então para 750 m em 2004 e cerca de 5.900 m em 2016, e depois para mais de 7.000 m em 2020.

Sy et al (2013) afirmam que a fissura se vai deslocar cada vez mais para sul, trazendo consigo o risco de desaparecimento de aldeias e sítios históricos e biológicos, para não falar da ameaça à agricultura devido à salinização.

Niang (2017), informa que, atualmente, a velocidade de recuo diminuiu na parte sul, o que é logicamente explicado pelo alargamento do canal e pela dissipação da força das ondas.

Figura 53: Aumento da infração

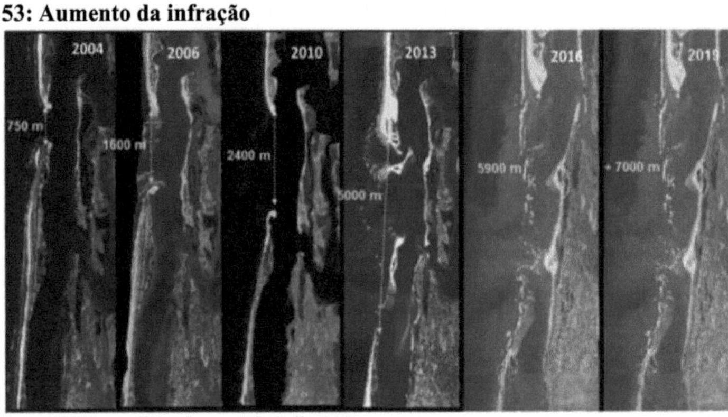

Fonte: Niang 2017, modificado por M. Fall 2019

A imagem mostra a evolução do canal de alívio de 2004 a 2019-2020, que tem crescido constantemente ao longo dos anos, de 4 m em 2003 (quando foi inaugurado) para mais de 7 000 m em 2019-2020.

Camara (2008), considera a salinização do lençol freático preocupante. Desde a abertura da brecha, houve uma salinização significativa do lençol freático, confirmada pelos nossos resultados de 2018 em Darou Mboumbaye (9.800 a 18.200 µS/cm), e as populações do estuário estão a sofrer com isso. A salinidade no rio começa no final da cheia e aumenta assim que a barragem de Diama é fechada. Nossos resultados mostram alta salinidade no rio em 2018, com 45.000 µS/cm. A salinização causada pela barragem de Diama foi acentuada pela abertura da brecha. Esta salinização deve-se frequentemente à influência da cunha salina, à evaporação e à submersão marinha. A salinização do lençol freático levou a um declínio da horticultura comercial, *para além* uma redução de 2.250 ha da superfície cultivada em Darou Mboumbaye e dos rendimentos (menos de 12 toneladas em 2017-2018, após a abertura da brecha).

Ndao (2012) mostra que, do ponto de vista agrícola, a horticultura está ameaçada na região de Gandiolais devido ao aumento da salinidade acentuado pela abertura da brecha. O estudo indica que a brecha irá perturbar todos os ecossistemas da zona. O lençol de água doce da zona está a tornar-se mais salino, o que coloca um grave problema de abastecimento de água às populações locais. Neste sector, a intrusão marinha ameaça a água doce, bem como certas actividades agro-florestais (horticultura comercial). A forte seca dos anos 70, associada ao desenvolvimento do rio e à eliminação das inundações naturais, contribuiu para reduzir o nível do lençol freático. Desde a abertura da brecha, o nível do lençol freático está ameaçado. As trocas entre os lençóis freáticos laterais e o rio foram alteradas, resultando na contaminação salina da parte superior do rio. Ndao acrescenta que, nas hortas de tipo Ndiouki (depressões pouco profundas em zonas baixas com solos hidromórficos entre o cordão vif e as dunas amarelas semi-fixas), o aumento dos níveis de sal provocou uma diminuição dos rendimentos e o abandono de muitas hortas adjacentes ao cordão vif. A água dos poços associados a estas parcelas é a que apresenta a salinidade mais baixa (máximo: 1,8g/l, durante uma campanha de medição em fevereiro de 2006). Nas parcelas próximas do rio ou a baixa altitude, no entanto, a salinidade é de 2,9g/l. Consequentemente, os rendimentos são mais baixos e os rebentos da cebola são mais ou menos amarelos. Outras parcelas, ainda mais próximas do rio, foram completamente abandonadas durante um ou dois anos (água de poço a 12,5 g/l de sal).

Os resultados de Ndao confirmam as nossas constatações sobre a evolução da salinização nos Gandiolais a partir do rio para o interior, com um máximo de 9,1 g/l em Darou Mboum P1, o poço abandonado mais próximo da aldeia de Darou Mboumbaye.

Sy et al (2013) referem que o lençol lenticular salino que afecta a área de Market Gardening é ele próprio influenciado pela progressão da brecha para sul.

As culturas nos Gandiolais estão assim suspensas, consoante a sua distância em relação a este antigo braço do rio ou o seu carácter mais ou menos empoleirado. A economia de Gandiol, baseada sobretudo na horticultura de mercado, é muito afetada por esta alteração. A atual brecha continua a funcionar como foz do rio. Esta tendência irá perturbar as hortas na região de Gandiol, conduzindo a uma salinização excessiva.

Os resultados de Ndao (2012) confirmam as nossas constatações na aldeia de Darou Mboumbaye, em Gandiol, no que diz respeito à salinização da água dos poços, à diminuição dos rendimentos e ao abandono das parcelas.

Dieng (2010) fala do abandono de quase todas as explorações agrícolas na região de Gandiol, devido à elevada salinidade das terras.

Esta dinâmica explica o êxodo da população outras localidades, departamentos, regiões, países vizinhos ou distantes (Espanha para muitos jovens, etc.), face à diminuição dos rendimentos. A abertura da brecha causou enormes dificuldades. A resolução da inundação causou outros problemas, porque a intervenção foi mal calculada. Uma vez determinadas as causas da salinização, é importante analisar o seu impacto na horticultura de mercado.

1.3. Consequências da salinização na horticultura de mercado

A salinização tem uma série de consequências para a horticultura comercial. As principais consequências foram a redução das terras cultiváveis e dos rendimentos. A alcalinização do solo e a salinização da água têm consequências quase semelhantes. Em todos os locais selecionados nos Niayes de Dakar, Thiès, Louga e Saint Louis, encontrámos uma elevada taxa de abandono de terras. Os resultados mostraram que quase todas as terras tinham sido abandonadas devido à alcalinização e à salinização. Muitos horticultores perderam uma grande parte das suas terras (Lago Wouye 60%, Lago Tanma 50%, Taré 40%, Darou Mboumbaye 80%), e alguns perderam mesmo tudo. No caso de Dakar, para além da perda de terras devido à salinidade e alcalinidade, a transformação do Lago Wouye numa bacia de retenção levou à inundação de quase todas as parcelas de terra perto do lago, causando uma queda na produção e nos rendimentos em todas as áreas selecionadas: Lago Wouye menos 1 tonelada após 2008, Lago Tanma menos 1 tonelada durante mais de 10 anos, Taré menos 20 toneladas em 2017-2018 após a rutura, Darou Mboumbaye menos 12 toneladas em 2017-2018 após a rutura.

1.3.1. Produtividade do solo e da água

A salinização nos nossos sítios leva à degradação do solo e da água, o que limita a jardinagem de mercado. Nos últimos anos, registámos uma diminuição da produtividade dos solos, que se tornaram cada vez mais alcalinos, com valores de pH entre 7,2 e 9,34 em 2018, em comparação com 5,18 a 8,95 em 2010. A água é cada vez mais básica, com elevada salinidade.

Desde 2008, a situação do lago Wouye mudou, com a sua transformação numa bacia de retenção para resolver os problemas de inundação locais. Quase todas as parcelas de terreno em redor do lago foram inundadas (cerca de 95%). Tal como a decisão de abrir uma brecha em Saint-Louis, esta decisão do governo teve consequências nefastas para o ambiente. A produtividade do solo em grande parte, com um aumento da CE em 2018, que varia de 32 a 9630 μS/cm (nos quatro locais), em comparação com 2010 (1 a 192,7 μS/cm). A água do poço utilizada para irrigar os jardins do mercado tinha um alto nível de salinidade em 2018, diminuindo sua produtividade (1.500 a 19.000 μS/cm) em comparação com 2010 (1 a 10.920 μS/cm). As aldeias de Taré e Darou Mboumbaye estão entre as vítimas da abertura da brecha em Saint-Louis, com alta salinidade da água de irrigação em 2018 (2.120 a 19.000 μS/cm) em Taré e (9.800 a 18.200 μS/cm) em Darou Mboumbaye.

A proximidade de Taré da antiga foz do rio sempre foi considerada uma vantagem, uma vez que o rio se encontra a menos de 30 metros da aldeia, o que facilita o cultivo de produtos hortícolas na zona. No entanto, nos últimos anos, esta vantagem tornou-se uma desvantagem, com a abertura da brecha na Langue de Barbarie em 2003. Assim, o sal está a invadir progressivamente as zonas de horticultura comercial. Esta situação conduziu a uma diminuição da produtividade dos solos e da água.

A abertura da brecha só veio agravar os problemas ambientais que já existiam nas duas aldeias. As consequências da seca dos anos 70 também se fizeram sentir, com uma descida do nível do lençol freático. Em Taré e Darou Mboumbaye, a degradação das condições climáticas provocou a descida do nível do lençol freático e a deterioração e infertilidade das terras agrícolas. Esta salinização e a descida do nível do lençol freático estão a limitar a horticultura comercial nos locais de estudo. Nos Niayes, várias zonas de regadio sofrem de graves problemas de salinização, que provocam a degradação dos solos ( ) e a diminuição da produtividade.

Figura 54: Aldeias de Taré e Darou Mboumbaye em relação à infração

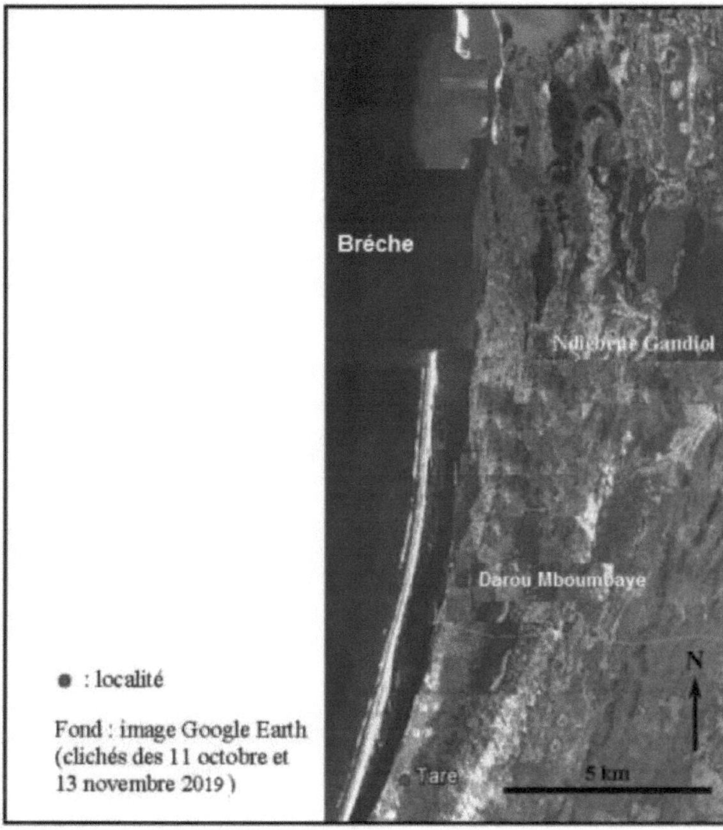

Fonte: Sy 2013, modificado por M. outono de 2019

Diallo et al (2015) mostram que a salinidade do solo reduz o rendimento das culturas e que os agricultores deixam por vezes de trabalhar as suas terras devido à salinidade do solo ou da água. O estudo efectuou análises do solo, que mostram que o pH varia de local para local, mas não há diferença significativa entre a superfície (0 - 20 cm) e a profundidade (20 - 40 cm). O pH é moderadamente ácido, neutro e alcalino. A salinidade, por outro lado, varia consoante o local e a profundidade. É mais elevada à superfície do que em profundidade. Nalguns sítios, vai de muito salino à superfície a salino em profundidade, com ambos os horizontes apresentando uma salinidade muito elevada. Da mesma forma, os solos são salinos à superfície e em profundidade nalgumas zonas, ou de salinos à superfície a neutros em profundidade. Pode dizer-se que nos locais estudados neste estudo, os solos são muito salgados à superfície na maioria dos casos.

O estudo conclui que os resultados da análise do solo mostraram que existe uma diferença significativa entre os valores de pH e CE entre a água e o solo. O pH é mais elevado no solo, enquanto a concentração de sais é mais elevada na água do poço. Estas concentrações mais elevadas de sais solúveis na água podem estar relacionadas com o período de amostragem. As amostras de água e de solo foram colhidas em maio, no final da estação seca. Durante a estação seca, a sobre-exploração dos recursos hídricos para a irrigação das culturas é uma das principais causas da salinização. Este facto leva à contaminação das águas subterrâneas próximas do mar pelo aumento da salinidade, acentuado pela presença da brecha. Esta invasão da água doce pela água salgada provoca a degradação dos solos, a salinização e a diminuição da produtividade.

A salinização menos acentuada dos solos poderia explicada pela utilização de estrume pelos produtores para combater a salinidade (Diallo et al, 2015).

A adição de nutrientes à água salina natural reduz efeito da salinidade. Este é um dos argumentos utilizados pelos horticultores para justificar a utilização de matéria orgânica nas parcelas irrigadas (Snoussi, 1998). A elevada concentração de sais solúveis no solo pode impedir a germinação das sementes e danificar as plantas já estabelecidas, para além de prejudicar a absorção de água pelas plantas.

Em comparação com os resultados de Diallo et al. (2015), que apresentaram solos salinos, os nossos resultados de 2018 mostram solos não salinos em todos os quatro locais, com exceção dos solos retirados da superfície do lago Tanma seco, que são altamente salinos, com 9.630 μS/cm. Esta situação pode ser explicada pelos locais onde as amostras foram recolhidas. As zonas mais próximas do rio podem produzir solos salinos. O nosso estudo escolheu as parcelas que ainda estavam a ser cultivadas e as áreas abandonadas mais próximas dos campos cultivados, justificando a CE mais baixa dos solos (em comparação com os seus resultados), que ainda não são salinos mas alcalinos. Os nossos resultados mostraram também uma alteração da CE dos quatro locais, que aumentou em relação a 2010. Este aumento mostra que a situação está a piorar e que estamos a caminhar para solos salinos.

1.3.2. Nível de pH e horticultura

Nos quatro locais estudados, os pHs do solo e da água eram alcalinos em 2018, sendo o solo (Lago Wouye 7,2 a 9,26, Lago Tanma 8,23 a 9,32, Taré 8,62 a 8,96, Darou Mboumbaye 8,87 a 9,34) e a água (Lago Wouye 7,52 a 8,28, Lago Tanma 7,63 a 8,21, Taré 7,25 a 7,78, Darou Mboumbaye 8,05 a 8,19) alcalinos. Em relação a 2010, os resultados mostram um aumento do pH, que varia de 5,18 a 8,95 para o solo e de 6,97 a 8,32 para a água, devido à intrusão marinha, à utilização de produtos químicos e à irrigação com água salgada.

Arvalis (2014), afirma que o aumento do pH após a aplicação de um corretivo básico do solo reduz a disponibilidade de oligoelementos como o boro, o manganês, o zinco e, em menor grau, o cobre. A disponibilidade de fósforo no solo também é influenciada pelo pH. É baixa em níveis de pH ácidos (< 5) e em níveis de pH básicos (> 7). Desde há vários anos, os horticultores recorrem a produtos químicos para melhorar a qualidade dos seus solos, que já não produzem como anteriormente. Os resultados das análises revelaram a presença iões nitrato na água, confirmando a utilização intensiva produtos químicos, com compostos de nitrato ($NO3^-$).

O nitrato é um composto que combina um anião com um ou mais catiões. É um sal que se encontra nos adubos químicos, sob a forma de nitrato de sódio, nitrato de potássio, etc. O nitrato faz parte do ciclo do azoto, é particularmente solúvel na água e é responsável pela poluição das águas. É perigoso devido à sua capacidade de se transformar em nitrito, que tem efeitos tóxicos reconhecidos. A presença de nitratos em excesso dissolvidos na água é um indício de poluição de origem agrícola (adubos químicos). Em muitos países, a água destinada ao consumo humano deve respeitar valores-limite (por exemplo, 50 mg/l em França e na Europa) para ser considerada potável. A OMS recomenda que este limite de 50 mg/l não seja ultrapassado. Os nitratos são potentes agentes eutrofizantes e, como tal, são considerados poluentes ambientais acima dos níveis normalmente encontrados na natureza, que variam consoante o tipo de habitat natural (Lamiot, 2014). Os resultados das análises efectuadas nos locais de estudo mostram, no seu conjunto, quantidades de nitratos superiores à norma estabelecida pela OMS (50 mg/l).

Em 2018, os resultados mostram uma forte poluição do lençol freático por produtos químicos, com níveis significativos de nitratos na água nos quatro locais de estudo (Lago Wouye 50,44 mg/l no total, Lago Tanma 164,46 mg/l com 121,6 mg/l em Tanma P2 "poço abandonado no campo cultivado", Taré 392,85 mg/l variando entre 81,88 e 200,93 mg/l, Darou Mboumbaye 389,32 mg/l variando entre 69,43 e 247,96 mg/l). Os resultados mostram um nível mais elevado de poluição das águas na zona norte de Niayes (Taré e Darou Mboumbaye), que ultrapassa as normas da OMS (50 mg/l), com um nível mais elevado em Darou Mboumbaye (o que explica os 80% de terrenos abandonados). Quando um ambiente não está naturalmente tamponado contra os ácidos (neutralização dos ácidos), como é o nosso caso, o ião nitrato aumenta o pH do ambiente e a acidificação crescente é inevitável (a menos que se tomem medidas de combate). Os nitratos tornaram-se o novo e preocupante fator de acidificação das águas doces, que já conduziu a um "empobrecimento biótico" significativo. Por vezes, atingem ou ultrapassam os limiares de toxicidade que limitam o "crescimento, a reprodução ou a sobrevivência" dos indivíduos ou das espécies (Lamiot, 2014). O quadro 5 ilustra o nível de pH recomendado para algumas culturas adaptadas a solos neutros, ácidos e básicos.

Quadro 5: Níveis de pH recomendados para algumas culturas

Ácido a neutro 5 < pH< 7,5	**pH recomendado**	**pH neutro: 6,1 a 7,5**	**pH recomendado**	**Neutro a básico 7,5 < pH< 9**	**pH recomendado**
Beringela	5 à 7	Abóbora	6 à 6.5	Hortelã	7.5 à 8
Feijões	5 à 7	Courgette	6.3 à 6.5	Alho	
Pastinagas	5.6 à 6.3	Nabo	6 à 6.5	Beterraba	
Couve-flor	5.5 à 6.5	Aipo	6 à 6.5	Cenouras	
Ervilhas	5 à 7	Espinafres	6 à 6.5	Couve-flor	
Soja	5.5 à 6.5	Melão	6 à 6.5	Feijões	
Tomate	5.5 à 6.5	Malagueta	6 à 6.5	Alface	
Batata-doce	5 à 6.8	Rabanete	6 à 6.5	Rabanete	
Batata	5 à 6.5	Tomates	6 à 6.5	Ervilhas	
Pepino	5 à 6.5			Tomates (se não forem demasiado farináceos)	
Pimentos	5 à 6.5				
Salsa	5 à 7				
Espargos	5.5 à 6.8				
Cenoura	5.5 à 6.5				
Chalota	5.5 à 6.5				
Sorrel	5.5 à 6.5				
Mas	5.5 à 6.5				
Alho	5.6 à 6.5				
Beterraba	5.6 à 7				
Couve	5.6 à 7.2				
Alface	5.6 à 6.5				
Cebola	5.6 à 6.5				
Alho-porro	5.6 à 6.5				
Brócolos	5.6 à 6.5				
Couves-de-bruxelas	5.6 à 6.5				

Fonte: Mar k (2015) e l (2019)

Os resultados mostram que a maior parte dos terrenos abandonados não tem problemas recorrentes de salinidade, mas sim de alcalinidade. Os resultados mostram também que os níveis de tolerância dos vegetais dificilmente atingem um pH superior a 7,5. Este facto explica a degradação das culturas e o abandono de certas parcelas por parte dos horticultores, que acreditam que tal se deve à salinidade do solo. A salinidade está particularmente presente nas águas de irrigação e nos lagos Wouye e Tanma. Esta situação deve-se à intrusão marinha, que se torna cada vez mais importante com o avanço do mar ao longo dos anos. Podemos deduzir que, para além da alcalinidade do solo, há uma contribuição de sal para as plantações proveniente água de irrigação. As plantas terão de se adaptar à alcalinidade, mas também à salinidade. O facto de os horticultores estarem a abandonar as suas parcelas mostra que não estão a ser bem sucedidos. Com a salinidade da água de rega, é evidente que, a longo prazo, teremos um grave problema de salinidade do solo.

Os resultados de Diallo (2015) confirmam este facto, com a presença de solos salinos em Gandiolais. A evolução da CE nos nossos sítios-alvo entre 2010 e 2018 é também um ponto de referência para a possibilidade de salinização dos solos a longo prazo. Na ausência de um lençol freático permanente, os solos arenosos, como os de Taré e Darou Mboumbaye, não são susceptíveis de se tornarem salinos através da irrigação (não retêm água), mas a elevada evapotranspiração na zona coloca um problema (favorecendo a salinização). Os solos de textura média, como os do Lac Wouye e do Lac Tanma, retêm água nos seus horizontes superficiais, e esta água tende a migrar para cima, atraída pela ação capilar, antes de se evaporar e depositar os seus sais à superfície. Quanto mais salgada for a água utilizada, maior será a necessidade de água de lixiviação. Irrigados com águas salgadas, podem transformar-se em solos salinos, cada irrigação deixando no solo a quantidade de sais contidos na água utilizada. Estes fenómenos exigem uma boa drenagem, que deixará, no entanto, uma certa quantidade de sais no solo, que as plantas terão de enfrentar.

Nos quatro locais de estudo, as análises mostraram uma presença insignificante de sal no solo em 2018 (Lago Wouye 290 a 670 µS/cm, Lago Tanma 49 a 9630 µS/cm, Taré 32 a 86 µS/cm, Darou Mboumbaye 48 a 124), com uma maior quantidade de sais nos lagos Wouye e Tanma devido à textura dos solos, que retêm mais água do que a textura arenosa de Taré e Darou Mboumbaye, com alta infiltração de água. Os resultados mostram também um aumento de 122% da CE nos quatro locais entre 2010 e 2018, que poderá continuar ao longo do tempo. A água fornece sempre ao solo uma certa quantidade de sais que a cultura irrigada tem de enfrentar (Durand, 1973). O risco de regar com água salgada é que as plantas absorvem a água do solo porque este é macio, e há sal nas células das raízes. O sal nas células da raiz atrai a água para a planta.

A água move-se ao longo de um gradiente de atividade da água, do compartimento com o potencial osmótico mais baixo para o compartimento com o potencial mais elevado. A irrigação com água salina representa uma ameaça para a horticultura comercial, provocando uma diminuição dos rendimentos. Por esta razão, é importante avaliar a evolução da produção hortícola.

2. Produção de hortas nos locais de estudo

A horticultura comercial é uma atividade rentável para os agricultores durante muitos anos, com uma produção que pode exceder 30 toneladas/ha. É importante destacar as mudanças na produção de hortas comerciais antes e depois dos problemas de salinidade, a fim de avaliar o impacto da salinização nas hortas comerciais.

No caso do lago Wouye, é importante recordar a situação anterior a 2008 (quando o lago foi convertido numa bacia de retenção de águas residuais). Em 2006, os inquéritos revelaram que 35% dos agricultores ganhavam entre 50.000 e 100.000 francos CFA por ano com a horticultura comercial, enquanto 18% ganhavam entre 150.000 e 200.000 francos CFA, o que significa que a horticultura comercial é uma atividade rentável. Mas por vezes as culturas são destruídas por parasitas, pragas ou salinização. Em anos anteriores, a produção chegava a atingir 3 toneladas por hectare, mas a transformação do lago numa bacia de retenção, em 2008, veio alterar tudo isso.

Em 2010, cerca de 93% dos agricultores perderam as suas hortas para o lago. A maioria dos horticultores não pôde cultivar este ano, o que teve um impacto no seu rendimento agrícola. Em 2018, quando o lago recuou, alguns agricultores (2%) conseguiram recuperar as suas parcelas. Os horticultores dizem que as terras mais próximas do lago não são produtivas por causa do sal e que muitos deles cultivaram com prejuízo.

Com as chuvas de 2019, a terra ainda está inundada (90,2% das parcelas). Os horticultores que estão longe das imediações do lago, na parte norte (7%), continuam a produzir como antes e a obter o seu rendimento da horticultura comercial (de 150.000 a 200.000 francos CFA) por estação. No entanto, eles notaram uma queda na produção em comparação com 2006, com menos uma tonelada em 2017-2018 (500 kg/ha por mês). A Figura 56 mostra a produção de hortas no Lago Wouye antes e depois da sua conversão numa bacia de retenção em 2008.

Figura 55: Produção de hortas no Lago Wouye antes e depois de 2008

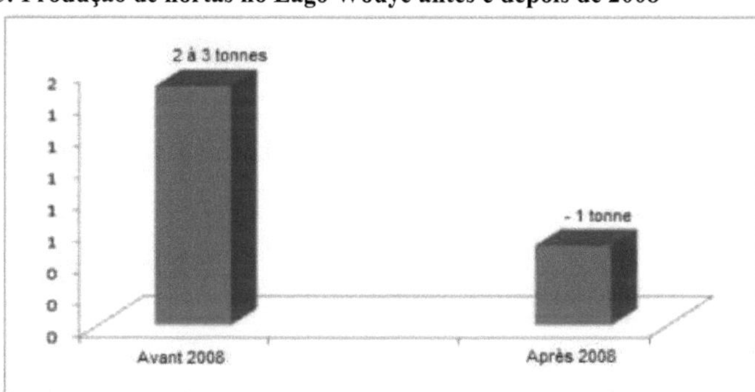

O lago Tanma e o lago Wouye registam problemas semelhantes: salinização das águas de irrigação e alcalinização das zonas de hortas. Esta situação tem repercussões na produção. Os resultados do lago Tanma mostram que, antes de 1988 (quando os horticultores começaram a aperceber-se da degradação das terras), a produção era de 3 a 4 toneladas por colheita, com culturas de batata e batata-doce. Após 1988, com a salinização, a produção desceu para menos de 1 tonelada (cerca de 900 kg).

Os produtores dizem que já não ganham muito dinheiro com a horticultura comercial, quando antes da degradação das terras, podiam ganhar até 500.000 francos CFA por estação, o que lhes permitia satisfazer as suas necessidades e sustentar as suas famílias. Alguns deles chegaram mesmo a construir as suas casas graças a esta atividade, que era realmente rentável.

Hoje em dia, dizem que muitas vezes cultivam com prejuízo, porque a terra já não é tão fértil como era, e por causa das doenças que atacam as plantas, como a clorose férrica.

Figura 56: Produção de hortas no Lago Tanma antes e depois de 1988

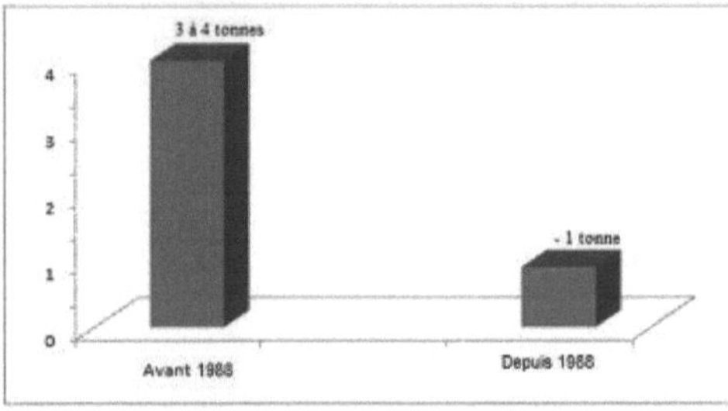

Em Taré, antes da abertura da brecha em 2003, a produção era de 30 toneladas ou mais por hectare. Em 2012-2013, a produção foi de 20 toneladas por hectare (com um défice de 10 toneladas). Os horticultores afirmam ter observado uma diminuição do rendimento por hectare após a abertura da brecha. Dizem que só a partir de 2003 é que se aperceberam de que as terras já não produziam como antes. Esta situação agravou-se em 2018, com a produção a cair ainda mais (para menos de 20 toneladas). A queda da produção é uma grande perda para eles, porque antes podiam ganhar mais de 500.000 francos CFA por colheita, mas agora varia entre 300.000 e 500.000 francos CFA, ou até menos.

Figura 57: Produção da horta em Taré após a abertura da brecha

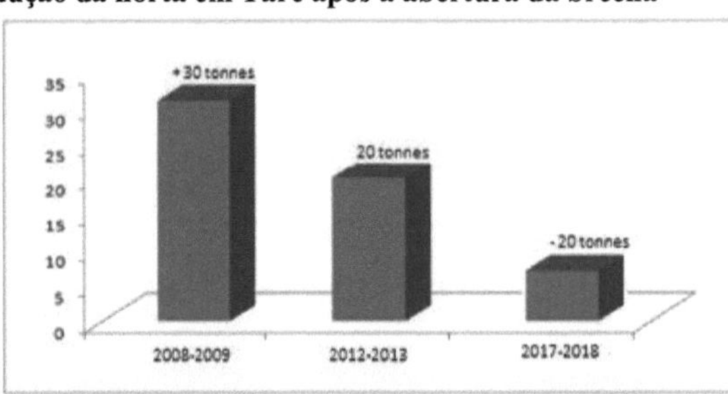

Tal como Taré, Darou Mboumbaye sofreu os mesmos danos causados pela abertura da brecha em 2003. Antes da brecha, a produção era de 30 a 40 toneladas por hectare, contra 15 toneladas por hectare em 2013, e desde a brecha (2013), é de 12 a 15 toneladas por hectare. Os horticultores afirmam que o incumprimento constitui um grande prejuízo para as actividades de horticultura comercial de Darou Mboumbaye, com uma enorme perda financeira. Dizem que antigamente ganhavam até 500.000 francos CFA ou mais com a horticultura, mas agora ganham muito menos (menos de 500.000). Em 2018, a situação é pior, com menos de 12 toneladas por hectare. A figura 59 mostra a produção de hortas em Darou Mboumbaye depois de a Langue de Barbarie ter sido violada em 2003.

Figura 58: Produção de hortas em Darou Mboumbaye após a rutura em 2003

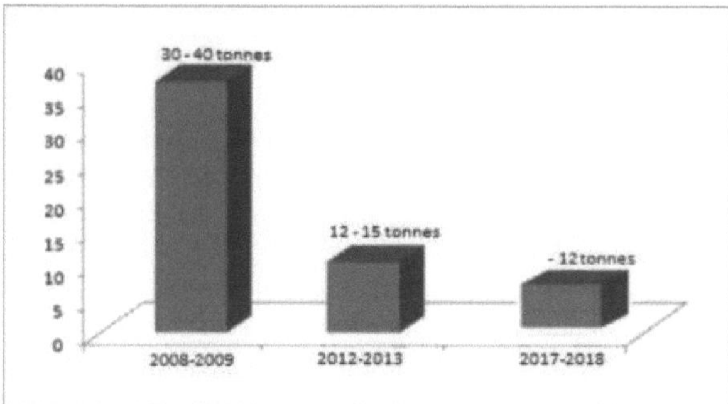

Em 2018, a situação não melhorou; as projecções apontam para um agravamento da situação química face ao avanço do mar (erosão costeira). Embora a produção de hortas seja satisfatória a nível nacional (macro), está a sofrer graves problemas a nível micro (explorações tradicionais nos Niayes), com um declínio acentuado ao longo dos anos. É importante que os horticultores combatam a salinização nos Niayes para aumentar novamente a produção. Em 2019, algumas estratégias individuais estão a ser implementadas por alguns horticultores nas aldeias de Taré e Darou Mboumbaye para tentar resolver o problema. Outros estão a utilizar bombas para explorar poços a poucos metros das suas hortas, para obter água mais potável e, portanto, mais adequada à irrigação.

3. Luta contra a salinização dos solos

Desde 1960, foram envidados esforços importantes para relançar e diversificar a produção agrícola através da aplicação de vários programas agrícolas. Apesar dos resultados encorajadores, as iniciativas adoptadas revelaram as suas limitações (LADA, 2003).

Em 1997, o gabinete pedológico senegalês estimava que 1.700.000 ha eram afectados pela salinização no Senegal. Para lutar contra este fenómeno, estão em curso dois tipos de acções: mecânicas e biológicas/químicas. A primeira técnica (mecânica) consiste na construção de diques anti-sal e no reforço da rede de diques existentes para evitar a intrusão da água do mar. Esta técnica, utilizada no Saloum antes de 1960 e melhorada pela investigação, foi aplicada em vários projectos (PRS, PIDAC, DERBAC, PROGES, etc.). A investigação desenvolveu técnicas de cultivo em camalhões, criou variedades precoces de arroz e, para regular a circulação da água, de cremalheira (ORSTOM, CIRAD, ISRA, etc.). No domínio biológico, no âmbito de uma parceria entre o ISRA e a Universidade Ben Gourion, foram utilizadas espécies halófilas (variedades israelitas de *Tamarix sp*) para reflorestar as terras salinas do Sine Saloum. Este programa obteve resultados convincentes em termos de recuperação de terrenos salinos.

Neste contexto, o fosfogesso tem sido amplamente utilizado para combater a salinidade nas culturas de regadio. As ONG também contribuíram para a luta contra a degradação química dos solos através de acções de luta contra a degradação das formações vegetais, a salinidade, a acidez e a erosão.

No início dos anos 2000, o governo senegalês criou o PAPIL com a ajuda de parceiros como o Banco Africano de Desenvolvimento (BAD) e o Banco Islâmico de Desenvolvimento (BID). O ramo regional do projeto de apoio à irrigação local de pequena escala (PAPIL) recuperou mais de 2.210 hectares em 2012, de uma área total de 171.724 hectares (26,42%) de solo afetado pela salinidade na região de Fatick (Diop, PAPIL, 2013). Em 2015, o PAPIL foi substituído pelo Programa Multinacional para o Reforço da Resiliência à Insegurança

Alimentar e Nutricional no Sahel. Um dos objectivos deste programa é recuperar milhares de hectares adicionais de terras salinizadas na região de Fatick até 2020. "A luta contra as terras salinizadas exige muitos recursos e uma programação a longo prazo" (Thiam, caraf 2017). Melhorar as propriedades dos solos salinos e a tolerância das plantas à salinidade facilitaria a recuperação das terras salinas, através de uma combinação de métodos agronómicos e biológicos (Fall, 2016). Na sua investigação realizada em 2016 em Fatick, Fall apresentou alguns resultados muito interessantes sobre a recuperação de terras salinas no Senegal. Os resultados mostram que a utilização de casca de amendoim pode ser uma boa alternativa, para um insumo natural, com a dose 6 T/ha que permitiu o melhor crescimento das plantas em condições salinas. Os resultados mostraram que a inoculação microbiana (só rizóbios, só CMA ou rizóbios + CMA), as cascas de amendoim (6 T/ha) e a sua combinação melhoraram o crescimento, a nodulação e a micorrização das plantas cultivadas em condições salinas na estufa e no campo. No entanto, não houve diferença significativa entre as plantas tratadas apenas com cascas e as inoculadas e tratadas com cascas. No entanto, as melhores taxas de crescimento e sobrevivência foram obtidas com a combinação de inoculação microbiana e cascas de amendoim. Os resultados sugerem que *a Senegalia senegal* (Syn. *Acacia senegal*) e *a Vachellia seyal* (Syn. *Acacia seyal*) têm a mesma tolerância à salinidade que *a Prosopis juliflora* e que a combinação de inoculação microbiana (rizóbia + CMA) e cascas de amendoim var 7333 (6 T/ha) aumenta o seu potencial para restaurar solos afectados pela salinidade no Senegal.

Os resultados de Fall (2016) mostram que os adubos orgânicos são a melhor solução para lutar contra a salinização dos solos. Seria importante continuar a investigação nos nossos sítios para acompanhar a evolução da situação, mas sobretudo para realizar experiências *in situ* sobre técnicas de adaptação das culturas aos solos alcalinos e às águas salinas. As experiências devem centrar-se em novas técnicas de irrigação que utilizar a água salina afetar negativamente as plantas. A irrigação por gotejamento poderia ser uma opção, especialmente o gotejamento solar (kondenskompressor), que poderia ser menos dispendioso. No caso atual do nosso estudo, em que os resultados mostram a salinização da água de irrigação e não do solo, a adição de matéria orgânica poderia ser um método preventivo e não curativo.

4. Prevenção da salinização

No contexto dos nossos locais de estudo, é sobretudo necessário encontrar métodos preventivos para evitar a salinização dos solos alcalinos e encontrar métodos de recuperação e de conservação das águas pluviais (mesmo se as chuvas são cada vez mais raras). A outra solução consiste em limitar ao máximo a evapotranspiração da água de irrigação (evitar as bacias abertas onde a água dos poços é armazenada) e investir em bacias de armazenamento fechadas. O outro elemento essencial é cultivar espécies tolerantes aos solos alcalinos, mas sobretudo às águas salinas, para obter melhores rendimentos. A partir do momento em que a irrigação é introduzida, devem ser tomadas precauções para garantir a qualidade da água fornecida e a eliminação das águas de drenagem. A água de irrigação não deve conter mais de 2 g/l de sais, nem ter um pH inferior a 0,5.

condutividade superior a 3 mmhos/cm. O seu valor S.A.R. não deve exceder 15 meq/l e a sua alcalinidade residual não deve exceder 2,5 meq/l (Le Brusq, Loyer, 1983).

Nos nossos quatro locais de estudo, 33% das amostras excederam 15 meq/l para os resultados SAR (água do lago Wouye 25,44 meq/l, Taré P3 25,46 meq/l (que se encontra num campo abandonado), Rio Senegal 58,78 meq/l, Darou Mboum P1 28,61 meq/l (que se encontra no campo abandonado mais próximo da aldeia). Os resultados mostram que, de uma maneira geral, a água dos poços amostrados tem um S.A.R. elevado e não é de boa qualidade para irrigação (especialmente na zona norte de Niayes), o que pode causar sérios problemas ao solo. Os níveis elevados de sódio alteram a estrutura e a permeabilidade do solo. Os riscos de salinização e alcalinização não são independentes. Quanto maior for a salinidade, maior é o risco de alcalinização (Hubert, 1984-1998). Os solos arenosos toleram melhor a água moderadamente salgada do que os solos argilosos (elevada capacidade de retenção), mas o problema reside sobretudo nas plantas. Muitos produtos hortícolas não são tolerantes à água salgada. Um sistema de irrigação adequado é, portanto, essencial para evitar o cultivo com prejuízo. No nosso caso, a utilização de novos sistemas de rega (rega gota a gota) poderia limitar os efeitos da água salina nas plantas.

Quadro 6: Constrangimentos e soluções para a salinização da água e a alcalinização do solo

N°	Stress s	Soluções
1	Salinização da água de irrigação	- criação de bacias (de preferência bacias de implúvio fechadas) para limitar a evapotranspiração - recolha de água da chuva em bacias (durante a precipitação)
2	alcalinização do solo	- reduzir tanto quanto possível, ou parar completamente, a utilização de produtos químicos - alteração orgânica (compostagem) - associação de culturas
3	Diminuição da fertilidade do solo	- Promover a fertilização orgânica, - utilizar a técnica do sulco - Facilitar o acesso a fertilizantes (de preferência orgânicos), como a Azadirachta indica (Neem em Wolof), para combater os insectos. - aplicação regular de estrume a longo prazo (para recuperar terras abandonadas) - adição de areia aos terrenos inundados do lago Wouye (para aligeirar o solo e recuperar as zonas que não estão excessivamente inundadas)

Os corretivos do solo serão essenciais para recuperar as áreas perdidas nos quatro locais de estudo. A aplicação a longo prazo de corretivos orgânicos do solo e de corretivos minerais do solo, se necessário, terá de ser efectuada regularmente ao longo de várias estações (anos) para obter resultados satisfatórios. Isto permitirá que o solo recupere os seus nutrientes e acidifique o solo, baixando o nível de pH. O papel dos corretivos orgânicos do solo não é o de substituir os fertilizantes, mas sim o de melhorar a resistência física das plantas e dos solos empobrecidos em nutrientes ou enfraquecidos pela utilização maciça de pesticidas e agroquímicos. Os corretivos orgânicos do solo são à base de plantas. Aliviam os solos pesados, dão corpo aos solos leves e reconstituem as reservas de matéria orgânica e de húmus do solo. Graças à sua mineralização progressiva, nutrem as plantas a longo prazo, sem risco de lixiviação, assegurando simultaneamente uma melhor circulação do ar e da água. Nutrem o solo antes de nutrir a planta, uma vez que a matéria orgânica foi decomposta em substâncias minerais assimiláveis. Os principais corretivos orgânicos do solo são o estrume animal e o composto. Podem ser utilizados em todas as situações e são incorporados no solo. Outros materiais também podem ser utilizados: palha, casca de árvore, resíduos de compostagem, adubos verdes, terras de envasamento comerciais. Recomenda-se a utilização de matérias orgânicas já decompostas. Uma matéria orgânica demasiado fresca utiliza o azoto do solo para se decompor, em detrimento da planta. Isto leva a uma deficiência de azoto conhecida como "fome de azoto" (SNHF, 2018).

No caso dos nossos sítios de estudo, seria necessário utilizar corretivos minerais nas áreas ainda aptas para o cultivo e nas que se perderam. Os corretivos minerais melhoram certas propriedades físico-químicas do solo, como a correção do pH ou a melhoria da estrutura do solo, facilitando o seu trabalho. Permitem igualmente que as plantas absorvam mais facilmente os nutrientes. Os principais corretivos minerais do solo são: cal, gesso, cinzas de madeira, enxofre, sulfato de ferro, areia, argila, marga, etc. A cal pode aumentar o pH de um solo demasiado ácido, enquanto o sulfato de ferro pode acidificar um solo demasiado básico. No caso dos nossos sítios de estudo, a utilização de enxofre seria a mais adequada, para baixar o pH e acidificar o solo. No caso do solo inundado no Lago Wouye, as áreas inundadas terão de ser preenchidas com areia para aliviar o peso do solo.

Conclusão

Os *Niayes* são um ecossistema especial constituído por bacias interdunares situadas em lençóis freáticos aflorantes a subaflorantes ao longo de toda a costa norte, de Dakar a Saint-Louis. Situam-se no ponto de contacto entre os sistemas dunares costeiros e o erg Ogoliano, o que explica a sua pertença aos ecossistemas costeiros e continentais. Esta zona muito frágil é atualmente afetada por constrangimentos ligados à secura climática, à pressão humana, à salinização das águas e à alcalinização dos solos. Esta situação tem várias consequências:

- rebaixamento significativo do lençol freático;
- secagem dos lagos Mbaouane, Tanma, Mboro, Mékhé ;
- degradação do solo e da água ;
- rendimentos mais baixos.

Em resumo, a evolução dos recursos hídricos revela um agravamento dos problemas de disponibilidade dos recursos, tanto em termos de quantidade como de qualidade. Além disso, a grande variabilidade espacial e temporal destes recursos hídricos está a tornar-se uma limitação importante para a sua utilização. A deterioração das condições climáticas e as secas repetidas tiveram uma série de consequências:

- descida do nível piezométrico de certos lençóis de água devido a uma escassez de abastecimento e a uma forte evaporação;
- exploração intensiva de vários aquíferos para abastecimento de água à cidade de Dakar e arredores;
- ameaça de intrusão de água salgada, especialmente ao longo da faixa costeira;
- A subida da língua salina ao longo do rio Senegal, favorecendo a intrusão de água salgada em certos aquíferos;
- deterioração da qualidade química da água na faixa costeira (Niayes) na sequência da descida do nível piezométrico, que provocou um avanço da frente salina.

O ecossistema de Niayes está a ser perturbado pela degradação dos solos, enfraquecidos pela agricultura intensiva, e pelo rebaixamento excessivo do lençol freático, agravado pela diminuição da precipitação. A perda de biodiversidade é visível, com o desaparecimento de numerosas espécies vegetais e animais. Verifica-se mesmo uma degradação da faixa de filão

ao longo da linha de costa, muito importante para impedir o avanço das dunas.
Nos anos 70, a pluviosidade diminuiu em todo o país e a maior parte dos lagos, lagoas e pântanos da costa norte secaram. Uma vaga de migrantes acabou por chegar aos Niayes, onde o lençol freático se encontra à superfície ou abaixo dela.
Atualmente, os Niayes não têm verdadeiros fluxos fluviais. No entanto, a sua morfologia sugere a existência antigos vales fluviais exorreicos perpendiculares à costa. Existem numerosos lagos na parte sul (Dakar, Thiès) que foram ocupados pelo mar durante a transgressão Nouakchottiana: Mbawane, Tanma, etc.
Muitos destes lagos perderam a sua dimensão e importância. Por outro lado, no centro e no norte de Niayes, existem apenas lagoas cuja duração no tempo e no espaço depende em grande medida da precipitação.
A deterioração persistente das condições climáticas faz com que as escorrências superficiais sejam cada vez mais escassas; os recursos hídricos do Niayes provêm principalmente dos lençóis freáticos das areias quaternárias, que têm uma importância vital devido às suas múltiplas utilizações. É utilizada para fornecer água à população local, nomeadamente à cidade de Dakar, para alimentar os animais e para as necessidades agrícolas que tornam a região tão importante (Fall, 2001).
Culturas como a cebola, a batata, a cenoura, o nabo e a couve são cultivadas nas margens destas depressões. A secagem progressiva das depressões húmidas levou à deslocação das zonas de horticultura comercial das suas margens para as encostas das dunas. A irrigação das plantas é efectuada a partir de "céanes", poços tradicionais que variam de 1 a 10 metros de profundidade. A diminuição e a escassez das chuvas são os factores fundamentais que desencadearam todos os processos naturais e antrópicos actuais. O ambiente está a sofrer uma deterioração climática sem precedentes em termos de gravidade e duração. Este fenómeno foi acompanhado por alterações da paisagem.
É importante notar que todas as regiões que cobrem o Niayes enfrentam os mesmos problemas em termos de défice de precipitação, degradação e soterramento dos solos de planície, descida do nível do lençol freático, salinização da água e alcalinização dos solos. O meio físico dos Niayes enfrenta numerosos problemas, que têm repercussões em todas as regiões que o rodeiam.
As soluções a adotar devem ter em conta o contexto geral e não o contexto específico. Todos estes factores têm repercussões nas actividades socioeconómicas desenvolvidas na zona, nomeadamente na horticultura. Degradação dos solos e das águas subterrâneas, com o avanço progressivo do sal, diminuição da produção e dos rendimentos, aumento da pobreza. Muitos constrangimentos devem ainda ser ultrapassados (salinização e alcalinização das águas e dos solos), apesar dos progressos significativos realizados graças ao aumento das competências técnicas dos agricultores, em conjugação com os esforços da investigação, da gestão e das empresas públicas e privadas.
Uma grande parte da produção hortícola provém de explorações familiares, nomeadamente nas zonas de Niayes (centro e norte). Trata-se de pequenas explorações em que a irrigação é a principal ocupação da mão de obra e onde os produtores se vêem frequentemente confrontados com problemas de financiamento, de qualidade dos factores de produção e de produção. É perante esta falta de recursos que outros problemas ambientais, como a salinização das águas e a alcalinização dos solos, se juntam às dificuldades enfrentadas pelos produtores. Os factores que levam a uma acumulação excessiva de sais no solo podem ser naturais ou antropogénicos. Os factores naturais que influenciam a salinidade da água e a

alcalinidade do solo são o clima, o material de origem do solo, o coberto vegetal, o tipo de vegetação e a topografia. Os factores antropogénicos (induzidos pelo homem) que podem levar à salinização ou alcalinização incluem a irrigação com água rica em sais, a elevação do nível do lençol freático devido a actividades humanas (bombagem excessiva do lençol de areia do Quaternário), a utilização fertilizantes químicos e a contaminação do solo por água rica em sais.

Práticas de irrigação inadequadas (utilizando água de irrigação rica em sal, por exemplo) e uma drenagem deficiente conduzem à salinização. A salinização e a alcalinização estão frequentemente associadas a áreas irrigadas onde a baixa pluviosidade, a elevada evapotranspiração ou as caraterísticas texturais do solo impedem a lixiviação dos sais do solo, acumulando-se nas camadas superficiais. A irrigação com água com um elevado teor de sais agrava o problema. Na região de Niayes, a salinização pode estar relacionada com a sobre-exploração das águas subterrâneas, impulsionada pelo aumento da urbanização, da indústria e da agricultura. A extração excessiva de águas subterrâneas pode baixar os lençóis freáticos normais e conduzir à intrusão de água do mar. Os resultados revelaram um aumento da produção ao longo dos anos, a nível macro, e uma tendência decrescente da produção e do rendimento a nível micro, com repercussões na qualidade de vida das pessoas. Isto mostra que a salinidade da água e a alcalinidade do solo têm um impacto negativo na horticultura comercial nos Niayes, confirmando a nossa hipótese 2: "a salinização levou a um declínio das actividades e dos rendimentos da horticultura comercial". Por esta razão, foram postas em prática estratégias a nível nacional para combater a salinização dos solos. Estas incluem a construção de diques anti-sal, campanhas de reflorestação e campanhas de formação e de sensibilização da população sobre a fertilização orgânica e a drenagem, para recuperar as terras degradadas. Para os nossos quatro locais de estudo, precisamos de estratégias para recuperar os solos alcalinos e encontrar um melhor sistema de irrigação para limitar os efeitos da água salgada nas plantas.

Conclusão geral

A degradação dos solos foi identificada em todas as regiões do Senegal, nomeadamente no *Niayes*. Este fenómeno manifesta-se por uma diminuição da produtividade dos solos e uma forte exploração das terras agrícolas, enquanto a população continua a crescer a um ritmo incontrolável, com cerca de 1 138 956 habitantes em 2002 (Camara, 2010). Os efeitos combinados dos factores físicos e humanos conduziram a uma diminuição impressionante do potencial de produção dos solos e a uma intensificação da salinização e da alcalinização.

Desde há alguns anos que se registam regularmente rendimentos agrícolas inferiores a 1 tonelada/ha na zona central do Niayes, mais especificamente na região de Thiès (no Lac Tanma), apesar do desaparecimento quase total dos pousios. Numa grande parte do Niayes, as alterações da utilização dos solos foram marcadas pelo abandono das terras anteriormente consagradas às culturas de sequeiro e pela reconversão das populações locais para a horticultura comercial. De qualquer modo, estas alterações conduziram à degradação dos solos por salinização (solos do lago Tanma secos) e alcalinização (lagos Wouye, Taré e Darou Mboumbaye).

A gravidade da salinização das águas e da alcalinização dos solos é bem conhecida das populações locais, que avaliam o estado de degradação dos solos em função do seu nível de produtividade e dos prejuízos causados às culturas. Os nossos quatro locais de estudo foram utilizados como ponto de referência para a situação global da salinização das águas de rega e da alcalinização dos solos nos Niayes, para mostrar a evolução do fenómeno nestes meios e as suas consequências nas actividades de horticultura.

Os solos do lago Wouye e do lago Tanma estão a perder progressivamente o seu valor natural, com alterações que conduzem uma deterioração acelerada e à transformação do seu antigo aspeto, com repercussões na horticultura comercial, com uma diminuição das superfícies cultiváveis e dos rendimentos. Nas aldeias de Taré e Darou Mboumbaye, a abertura da brecha salvou a ilha de Saint-Louis das inundações, mas agravou os problemas de salinidade da água e de alcalinidade do solo nas hortas das duas aldeias. Os problemas de salinidade da água estão a agravar-se, com a brecha cada vez maior. Esta situação não é favorecida pela subida geral do nível das águas do mar, que acentua a dilatação da cunha salina nas fácies arenosas do litoral da Grande Côte.

A metodologia escolhida para este estudo (observação direta, entrevistas, amostragem, análise, etc.) foi extremamente útil. Permitiu-nos identificar a salinização das águas e a alcalinização dos solos, as causas naturais e antropogénicas e as consequências para as actividades de horticultura. Os trabalhos efectuados no âmbito desta investigação produziram os seguintes resultados:

- a decisão do governo de transformar o lago Wouye num reservatório destruiu grande parte do jardim do mercado;
- o aumento do nível da água no lago Wouye reduziu a área disponível para o cultivo;
- as hortas em torno do Lago Tanma contribuem para a sua degradação,

com a utilização de produtos químicos;

- a utilização de produtos químicos contribuiu para a degradação dos solos e para a poluição das águas (lagos, poços, etc.);
- O aquecimento climático provocou a subida do nível das águas oceânicas, aumentando a velocidade a que o lençol de água salgada se estende para o interior do nappe lenticular da costa norte, onde se situam as zonas baixas (Niayes), objeto desta investigação;
- A erosão costeira também acentuou a intrusão marinha;
- A intrusão marinha provocou a salinização das águas e a alcalinização dos solos;
- a salinização da água e a alcalinização do solo conduziram a uma redução da superfície disponível para o cultivo;
- a redução das terras aráveis conduziu a uma diminuição dos rendimentos agrícolas;
- a diminuição dos rendimentos dos horticultores levou ao abandono das zonas de horticultura afectadas pela salinidade da água de irrigação e pela alcalinidade do solo;
- A abertura do fosso na Langue de Barbarie aumentou a salinização das águas e a alcalinização dos solos nas aldeias de Taré e Darou Mboumbaye;

É urgente que as autoridades e a população local tomem consciência do fenómeno da degradação dos solos. Malika, Diender, Taré e Darou Mboumbaye perderam grande parte das suas terras aráveis. Estando no Sahel, as autoridades e a população não devem contribuir para a degradação dos recursos naturais (solos, lagos, águas subterrâneas, etc.) através das suas decisões e comportamentos. É importante encontrar formas de preservar os recursos naturais (solo, água, etc.), sujeitos múltiplas pressões (naturais e antropogénicas), para que a horticultura de mercado nos Niayes possa continuar. Se a perda de terras aráveis continuar, a horticultura comercial desaparecerá. Nos lagos Wouye e Tanma, as explorações agrícolas praticamente desapareceram, devido a fenómenos naturais (seca, salinização, alcalinização, erosão costeira, etc.) e antrópicos (produtos químicos, más decisões políticas, desaparecimento dos pousios, etc.). Se nada for feito contra a salinização das águas e a alcalinização dos solos, a horticultura comercial corre o risco de desaparecer nos Niayes, onde a intrusão marinha é muito forte.

Esta ameaça é um problema nacional, nomeadamente nas zonas húmidas, que desempenham um papel muito importante na produção agrícola do Senegal. Daí a necessidade de investir ainda mais no assunto (salinização das águas e dos solos), embora seja de sublinhar um regresso das chuvas (como em 2020) poderia abrandar o processo de degradação, com uma diminuição da alcalinidade e da salinidade.

Perspectivas de investigação

Seria essencial prosseguir a investigação sobre as espécies adaptadas aos solos alcalinos e às águas de irrigação salinas dos Niayes. Isto permitirá que as super 8cies abandonadas sejam recuperadas para uma melhor exploração. Serão necessários ensaios, com amostras de plantas selecionadas para testes de campo adequados e monitorização regular e contínua, em colaboração com organismos acreditados como o ISRA. Isto assegurará uma melhor seleção das espécies a estudar. O governo senegalês, em colaboração com organismos públicos e privados, fez várias tentativas de recuperação de terras que, nalgumas zonas (bacia do amendoim, leste do Senegal/alto Casamança), produziram resultados mais ou menos satisfatórios, através da construção de diques anti-sal, de campanhas de reflorestação ou de adubos orgânicos, mas a zona de Niayes precisa de ser mais bem gerida, pois a situação apresenta uma tendência negativa à luz dos resultados obtidos neste estudo.

O principal problema do território é a alcalinidade. Uma situação que não será fácil de gerir, dado que a salinização do lençol freático se deve principalmente à intrusão marinha, favorecida pela erosão costeira. A erosão costeira é um problema global, e as estatísticas mostram que deverá aumentar com o tempo, em resultado do atual aquecimento climático. Sendo o problema a má qualidade da água de irrigação, poderia ser feita investigação sobre o método de gotejamento solar, que é um sistema de rega eficiente, económico e simples que pode ajudar os horticultores da zona de Niayes a aumentar os rendimentos, utilizando dez vezes menos água.

Esta investigação requer uma monitorização regular para verificar se o Kondenskompressor (o dispositivo) está a funcionar corretamente e se as plantas estão a ser regadas corretamente. Com uma experimentação adequada, o método do Kondenskompressor poderia ser a solução para a utilização de água salina na irrigação. É um método que precisa de ser experimentado em certas zonas da região de Niayes, como Thiès e Louga, onde há muito sol durante a maior parte do ano.

Publicações

Aissa. Nd (2001). *Organizações de agricultores e estratégias para o desenvolvimento da decapagem na comunidade rural de Fandéne: exemplos das aldeias de Darou-Khoudoss e Touba Ndiaye.* Tese de mestrado, UGB, 103 p.

Amadou. L. Nd (1995). *Estudo e Cartografia das paisagens da Grande Costa Senegalesa: Aplicações à valorização e à conservação dos recursos naturais*. Tese, FLSH, UCAD, 508 p.

Aminata. D. (junho de 2006). *Dynamique de l'occupation du sol dans les Niayes de la région de Dakar de 1954 à 2003 : exemples de la Grande Niaye de Pikine et de la Niaye de Yeumbeul*. Dissertação DEA UCAD, 90 p.

ANDRE. P., Claude. E., Deliste, Jean-pierre, Reveret, SENE. A., BITONDON. D., ARISON. L. R. (2000). *L'évaluation des Impacts sur l'Environnement et Processus, acteurs et pratique dans le concours des prix du Ministre de l'Éducation du Québec.* Volume da categoria Montin.

Aurélien C. (julho de 2007). *Sensibilidade de hidrossistemas costeiros específicos às variações milenares do nível do mar no Senegal.* Master 2 Sciences de l'Univers, Environnement, Ecologie 54 p.

Awa. B. (2007). *Les fonctions reconnues à l'agriculture intra et périurbaine (AIPU) dans le contexte dakarois ; caractérisation, analyse et diagnostic de durabilité de cette agriculture en vue de son intégration dans le projet urbain de Dakar (Sénégal).* Agro Paris Tech, UCAD 378p.

Ben Naceur. M., Rahmoune. C., Sdiri. H., Meddahi. ML, Selmi. M. (2001). *Efeito do stress salino na germinação, crescimento e produção de grãos de algumas variedades de trigo do Magrebe.* Sécheresse, 12 : 167-74.

Câmara. MMB. (2008). *Impactos das construções sobre as zonas litorais: o exemplo da abertura da brèche sobre a Langue de Barbarie (Grande Costa do Senegal).* Actas de uma conferência internacional multidisciplinar, 12p.

Centro de Desenvolvimento da Horticultura Cambéréne-Dakar (1992). *Lista de variedades de espécies hortícolas para cultivo no Senegal.* ISRA, 40p.

Cheikh. B. (1960), *Le peuplement des Niayes du Nord (Sénégal), Dakar* (Diplôme d'études supérieures). Université de Dakar, 79 p .

Cissé I. (2000), *Utilização de pesticidas no sistema de produção hortícola na zona de Niayes: os produtos e o seu impacto sobre o maciço florestal.* Tese, UCAD, 187p.

Cissé. S. *L'analyse des stratégies de la gestion des ressources naturelles pour une agriculture durable (cas de la communauté rurale de Ndoga Babacar Département de Tambacounda).* Mémoire de 8n d'études.

Cissé. G., Odermatt. P., Maystre. L. Y., Tanner. M. (junho de 1999). Utilização *um GPS e um software SIG para avaliar as variações sazonais áreas exploradas zonas de triagem no tecido urbano de Ouagadougou.* Sécheresse. V 10. N° 2.

Código do Ambiente (2001). Lei n° 2001-01 de 15-01-2001. 70 p.

CSE (Centre de Suivi Écologique). (2000). *Anuário sobre o Ambiente e os Recursos Naturais do Senegal.* Ministère de l'Environnement, Etat du Sénégal, Dakar, 268 p.

Dame. F. (Dez. 1990). *Modificações actuais do clima e suas consequências sobre o ambiente na região dos Niayes Méridionales.* Tese de mestrado, UCAD, 100 p.

Edwige. B., Reij. C. (maio de 2009). *La transformation silencieuse de l'environnement et les systèmes de production au Sahel : Impacts des investissements publics et privés dans la gestion des ressources naturelles.* Comité Inter-Estatal Permanente para o Controlo da Seca no Sahel 61p.

Fama. T. (2002). *A dinâmica dos lagos costeiros no Senegal.* Relatório de estágio, CSE, 36 p.

Faye Babacar (1997). *As práticas de gestão financeira na zona dos Niayes: o caso da Comunidade rural de Sangalkam.* Relatório de estágio da Universidade Gaston Berger 77 p.

Demoulin. D. (1970). *Etude géomorphologique du massif de Ndiass et de ses bordures.* Tese de 3eme cycle, Département de géographie, FLSH UCAD 90 p.

Diallo. P. O. (1997). *Évolution des systèmes de production maraichères et durabilité des stratégies de gestion des terroirs dans la zone septentrionale des Niayes (secteur de Potou).* Tese de mestrado. Universidade Gaston Berger. UFR de Letras e Ciências Humanas. Secção de Geografia.

Dieng M.N. (2008). *L'impact du maralchage dans la dégradation des ressources naturelles dans les Niayes de la bordure du lac Tanma.* Mestrado, Universidade Cheikh Anta Diop, 100 p.

Dieng. M. (1984). *Proteger o ambiente para um Senegal ainda mais belo.* Ed. Diretion de l'Environnement, Ministère de la Protection de la Nature.

Documento Midy (1971). *Ambiente e Poluição*, Tomo I, n° 78, 37 p.

Documento de síntese LADA (2007). *Caracterização dos sistemas de produção agrícola no Senegal*, 39p.

El Hadji. S. (2001). *Le quaternaire récent du Sénégal occidental (Lacs Retba et Tanma; estuaire de la Casamance). Implicações eustáticas e paléoclimáticas das diatomáceas.* Tese, 189 p.

Enda Ecopop, UN Habitats/CDS-MUAT. (2007). *Étude de l'économie de l'agglomération de Dakar*, 118 p.

GENDRAU. F., GUBRY. P. et VERON. J. (1996). *Populations et Environnement dans les pays du Sud*, Paris. Karthala, CEPED, 305 p.

Ibrahima. D. (2004). *L'ouverture d'une brèche à travers la Langue de Barbarie (Saint-Louis du Sénégal). Os poderes públicos e as consequências da infração*, 120 p.

Idrissa W. (2003). *Information et coordination dans les filières maraìchères au Sénégal.* Dissertação DEA, 85 p.

Julien. H., Ndongo. F. D. (2006). *Caractérisation des sols cultivés dans le cadre de l'agriculture périurbaine de la région de Dakar, Sénégal - Avaliação da salinidade dos solos cultivados associados à água de irrigação no contexto da agricultura periurbana de Dakar, Senegal.* Mestrado em Ciências Ambientais Naturais - Universidade de Genebra.

Kaddour. D., Youcef. D., Gaouar. A., Beldjoudi. Z. (Out-Nov-Dez 2003). *Salinização secundária do solo no Saara. Consequências para a sustentabilidade da agricultura nas novas zonas de desenvolvimento. Science et changements planétaires.* Sécheresse. V 14, No. 4; 282 p. Cahiers d'études et de recherches francophones.

Lassalle. E. (1970). *Étude géomorphologique et bioogéographique de la région occidentale du lac Mbeubeussé (Presqu'île du Cap-Vert Sénégal),* tese de mestrado, UCAD 125 p.

Lazar. A. (2009). *Impact de la variabilité climatique récente sur les écosystèmes des Niayes du Sénégal entre 1950 et 2004*. Tese, 208 p.

Le Brusq. J.Y e Loyer. J. Y. (janeiro de 1982). *Évolution de la salinité des sols et des eaux en relation avec la riziculture submergée dans le Delta du =euve Sénégal.* O.ce de la recherche scienti8que et technique outre-mer. Centro de Dakar Hann à ORSTOM.

Mainquet. M. (1995). Professor na Universidade de Rennes. *O homem e a seca.* Masson géographie. 335 p.

Maimouna D. (2005) *Étude de la baisse du niveau de la nappe dans les Niayes du Gandiolais*. Tese de mestrado UGB, 124 p.

Mariama. D. (2005). *Práticas de conservação no ecossistema de Niayes de Pikine: o exemplo de PASDUNE*. Dissertação DEA, Cátedra UNESCO, UCAD, 72 p.

Mariètou. Nd (2012). *Dinâmica ambiental e gestão de 1970 a 2010 das zonas húmidas no Senegal: um estudo do uso do solo por teledeteção dos Niayes com Djiddah Thiaroye Kao (em Dakar), Mboro (em Thiès) e Saint-Louis.* Tese, 371 p.

Mbaye. A. (1999). *A produção hortícola em Dakar: importância, constrangimentos e potencialidades*. In Agriculture urbaine en Afrique de l'Ouest. Ed. O. Smith, International. Developpement research centre, Ohawa, 56-66. 59

Mor. G. (1989). *Etude et cartographie des milieux naturels à 1/50 000 : Coupure de Mboro (Louga ND-28-XX° Evaluation des ressources en eau dans la zone des Niayes* . Tese de Mestrado da UCAD, 110 p.

Mtimel. A., Hachicha. M. (Dez. 1995). *Salinização e hidromorfia nos oásis tunisinos. Science et changements planétaires.* Sécheresse. V 6, N° 4 ; 374 p.

Niang. S. (2017). *Degradação química e mecânica das terras agrícolas em Gandiolais (costa norte do Senegal), análise das dinâmicas de adaptação actuais.* Tese UGB, 355 p.

Piraux. M., Bock. L., Bulgen. A., Lefort. E., Steyaert. P., Diagne. A. (1997). *In=uência das condições climáticas, topográficas e de intensificação sobre a fertilidade física e química dos solos ferruginosos da região sahelo-sudanesa.* Sécheresse. V 8. N°4.58 p.

***Plano de Desenvolvimento Local da Comunidade Rural de Léona (*2010). Com o apoio do projeto Millennium Village, 76 p.

Plano de Desenvolvimento Local (PDL) para o distrito de Malika (2006).

Plano de Desenvolvimento Local (PDL) Diender Rural Community. (2010). 129 p.

Plano de Desenvolvimento Local (PDL) da comunidade rural de Ndiébène Gandiol (2010). Com o apoio técnico do GERAD, 80 p.

PNUA. (julho de 2006). *O Futuro do Ambiente em África (passado, presente e perspectivas futuras).* Relatório, Steiner. M.

Pontanier, R. e A. M'Hiri. M'Hiri (1995). *L'Homme peut-il refaire ce 'il a défait?* ORSTOM, 460p.

Quenum. F. J. (1969). *Etude géomorphologique de la région de Cambéréne-Malika (Presqu'ile du Cap-Vert, Sénégal)*, TER, UCAD, 54 p.

Roger. B., NDiaye. K. M., Bassirou. K. (1994). *Alcalinização/Sodização, um perigo para os perímetros irrigados do Sahel.* Sécheresse. V 5. N°3.218 p.

Rokhaya. G. (2007). *Développement local et Problématique de la gestion du littoral dakarois à l'endroit de la Commune d'arrondissement de Fann-Point E-Amitié.* Dissertação DEA, Cátedra UNESCO, UCAD, 77 p.

Rokhaya. Nd (1996). *Dinâmica dos agrupamentos de promoção feminina na zona dos Niayes (de Kayar a Fass Boye) e na gestão dos recursos naturais.* Tese de mestrado, UGB, 167 p.

Sall. M.M. (1971). *Dynamique et morphogenèse actuelle: contribution à l'étude géomorphologique du Sénégal Occidental.* Tese, FLSH, UCAD, 291 p.

Serigne. F. (1995). *Modelação hidrodinâmica das nappes da costa norte entre Cayar e Saint-Louis. Impactos dos futuros projectos previstos no âmbito do aprovisionamento em água de Dakar e arredores.* Tese, 102 p.

Thierno. Nd (2001). *A degradação dos solos no Senegal: o exemplo de duas comunidades rurais (Kaymor e Mont Rolland).* Tese, 313 p.

Wade C. T. (2003). *Ecossistema Ambiental. Gestion des usages littéraux au niveau de la grande côte sénégalaise : Analyse de l'impact de l'évolution de la ressource en eau sur les potentiels horticoles de la région des Niayes.* Dissertação DEA. Universidade Cheikh Anta Diop, Dakar.

Youcef. D., Amor. H. (Set 1994). *Irrigação e salinização no Saara argelino.* Sécheresse. V 5. N°3; 218 p.

Youssou. Nd (1990). *Étude de l'évolution récente d'un écosystème intra urbain : cartographie des transformations des paysages des Niayes de Pikine-Thiaroye et environs.* Tese de mestrado, UCAD 87 p.

Ziza. FZ (1992) *Dinâmica da água e dos sais sob irrigação por pivô num ambiente sahariano. Uma tentativa de otimizar a gestão da irrigação.* Mémoire d'ingénieur INA, EL. Harrach, 101 p.

Artigos, conferências, relatórios, resumos e manuais

Agência Nacional de Estatística e Démografia (2010). "Situation Économique et Sociale du Sénégal en 2009". Ministério da Economia e das Finanças, 304 pp.

Ahmadou Moustapha Mbaye (sexta-feira, 1 de abril de 2011). "Ameaças às bacias da zona de Niayes e do jardim do mercado / Isra lança projeto de regeneração do filão".

Ba. E. (2004). "Situation du Sénégal sur les questions d'érosion côtière". Workshop de planeamento para o projeto regional de proteção costeira e gestão integrada da zona costeira, 15 p.

Barreto. S.P. (1963). "Études pédologiques des Niayes méridionales (entre Kayar et Mboro)". Relatório ORSTOM Dakar. 120 p.

Bernard. F. et al (1996). "Contribution au rapport du groupe de travail sur les écosystèmes particulièrement vulnérables (Zones Humides continentales, Zones Humides littorales et milieu marin) dans le cadre du Plan National d'Action pour l'environnement (PNAE)". ORSTOM, 7p. **Comissão Oceanográfica Intergovernamental** da UNESCO. (2001). "Des outils et des hommes pour une gestion intégrée des zones côtières; Guide Méthodologique"

Volume II Manuels et Guide, 63 p.

Comissão Oceanográfica Intergovernamental da UNESCO. (1997) "Guide Méthodologique d'Aide à la gestion intégrée de la zone côtière". Manuals and Guide 47 p.

Direção da Previsão e da Estatística (Senegal), "Situation économique du Sénégal1959-1979", 468 p.

Direção dos Trabalhos Géográficos e Cartográficos do Senegal (DTGC). (2003), "Catalogue des produits", 15 p.

Dorsouma. Al H. e Mélanie R-D. (2009). "Variabilidade climática, desertificação e biodiversidade: uma abordagem integrada da adaptação", 18 p.

Bernard. F. et al (1996). "Contribution au rapport du groupe de travail sur les écosystèmes particulièrement vulnérables (Zones humides continentales, Zones Humides littorales et milieu marin) dans le cadre du Plan National d'Action pour l'Environnement (PNAE)", ORSTOM, 7p. **Dubois. J.** (1989). "Note sur l'ensablement de "Niayes" de Mboro et recherche d'un moyen efficace de lutte", ORSTOM, 8 p.

Lazar A., Garneau, Michelle; Lézine, Anne-Marie (2008). "Análise diacrónica da evolução das zonas húmidas na região de Niayes, no Senegal, em relação à variabilidade climática recente entre 1950 e 2004". Université de Québec PP 121-149.

Le Meur. P. Y. (março de 2004). "Note sur la problématique des sites de Thiès et Mboro. GRET, parceiro Ecocité. 8 p.

Manuel (outubro de 2001). "Décentralisation et gestion des ressources naturelles; illustré sur les compétences des collectivités locales dans le domaine de l'environnement et de la gestion des ressources naturelles", DGL Felo com USAID/Senegal 28 p.

Maria. T.N. (2004). "Et Dieu sauva Saint-Louis. O Canal de Délestage", 5 p.

Michel. P. (1965). "Notes complémentaires sur la région des Niayes de Cayar à l'embouchure du Sénégal", Bulletin-Mission-Aménagement-Sénégal-Saint-Louis n° 102. 6 p.

Pape. S. (2007) "Dakar et le littoral". UCAD, 4 p.

"Relatório da Conferência das Nações Unidas sobre Ambiente e Desenvolvimento (Rio de Janeiro, 3-14 de junho de 1992).

Relatório de análise. (1993). "Étude sur l'Environnement urbain au Sénégal 4[éme]Projet urbain du Sénégal Banque Mondiale", 250 p.

Sall, M. M. (2000). M. M. (2000) "Coastal erosion and coastal development". Relatórios n°2 Chaire UNESCO UCAD p 15-30.

Trochain. J.L. (1940). "Rutura do equilíbrio biológico nos países de Niayes (República do Senegal)", p 57 - 60.

USAID e Diretion de l'Aménagement du Territoire. (1986). "Cartographie et télédétection des ressources naturelles de la République du Sénégal : Étude de la géologie des sols, de la végétation et des potentialités d'utilisation des sols". PP 144-147.

Wade. C. T. (Dez. 2010). "Rede de transporte e comercialização de cebolas em Niayes, na Grande Côte do Senegal". UGB, RGLL, N°08 p 230-247.

Webografia

http://www.lepopulaire.sn em 10 de maio de 2010, novembro de 2017.

http://www.sudquotidien.sn 10 de maio de 2010, novembro de 2017.

http://www.lequotidien.sn 12 de maio de 2010, novembro de 2017.

http://www.leral.net 15 de maio de 2010, novembro de 2017.

http://www.xibar.net 16 de maio de 2010, novembro de 2017.

http://www.journee-mondiale.com 19 de junho de 2010, setembro de 2017.
www.lagazette.sn 19 de junho de 2010, setembro de 2017.
http://www.seneweb.com 09 de agosto de 2010, setembro de 2017.
http://www.seneweb.com 10 de agosto de 2010, setembro de 2017.
http://www.lesoleil.sn. 05 de novembro de 2010, setembro de 2017.
http://www.walf.sn. 07 de novembro de 2010, setembro de 2017.
http://www.au_senegal.com. 03 de dezembro de 2010, setembro de 2017.
http://www.aps.sn 09 de janeiro de 2011, outubro de 2017.
http://www.environnement.gouv.sn 18 de maio de 2011, outubro de 2017.
http://www.ecocite.org 14 de novembro de 2011, outubro de 2017.

Abdoulaye SIDY 25 de maio de 2011. Salinisation des sols au Sénégal : sur les 3 800 000 ha cultivables plus de 1 230 000 ha sont affectés http://xalimasn.com consultado em 05 de junho de 2011, outubro de 2017.

Aissatou DOUCOURE 29 de abril de 2011. Un tiers des superficies cultivables affecté par la salinisation au Sénégal www.xibar.net consultado em 08 de junho de 2011, novembro de 2017.

Aaron Akinocho 29 de maio de 2014. 15 000 hectares de terra arável salvos da salinização em Casamança www.agenceecofin.comconsulté 01 de junho de 2014, novembro de 2017.

Cherif Faye 31 de março de 2011. Ameaça na bandeira dos Niayes. Djibo Ka soa o alarme www.rufisquenews.com acedido em 20 de maio de 2011, novembro de 2017.

Diakina Dia 26 de março de 2011. Menaces sur la zone des Niayes et cuvettes maraîchères / ISRA lance le projet de régénération du filao www.xibar.net consultado em 21 de maio de 2011, novembro de 2017.

Mathieu Ducrocq, 23 de maio de 2011. Enfrentar os riscos na África Ocidental www.iucn.org consultado em 19 de junho de 2011, dezembro de 2017.

Mitch 27 de novembro de 2009. Salinização dos solos: um problema com múltiplas consequências http://casamance-passion.over-blog.com consultado em 12 de dezembro de 2010, dezembro de 2017.

Tony Cissé 24 de novembro de 2012. O impacto da salinidade do solo no crescimento do vetiver http://vetiversenegal.blogspot.sn acedido a 10 de dezembro de 2012, dezembro de 2017.

Apêndice 1: CRESCIMENTO DE PLANTAS DBS EM AMBIENTES ESCUROS

Annexe 1 : CROISSANCE DES PLANTES EN MILIEU SALE

EFFETS TOXIQUES D'IONS DETERMINES

Comme l'a montré Harris (84), l'action nocive des sols n'est pas toujours proportionnelle à la pression osmotique du sous-sol salin. Selon l'espèce, chacun des divers éléments existant dans les solutions salées peut avoir un effet toxique spécifique sur la plante en plus de celui qu'on peut attribuer à la pression osmotique de la solution du sol. Les écrits traitant de l'effet toxique des ions sur la croissance des végétaux ont été revus par Magistad (144), Mibashan (154) et Hayward et Wadleigh (100). Les ions qui peuvent s'accumuler dans les sols salés sont : Na^+, Ca^{++}, Mg^{++}, K^+, Cl^-, SO_4^-, CO_3H^-, et NO_3^-.

Sodium

Bertrand (24) déclare que Na est toujours présent dans les tissus végétaux, mais parfois en quantités inférieures à 0,1 gr. par kg. de matière sèche. Cependant il apparaît que certaines plantes accumulent du sodium tandis que d'autres ont tendance à en éliminer.

Figure 4 - Non reproduite dans le document.

En se basant sur l'analyse de 77 espèces de plantes indigènes du New-Jersey et de 24 variétés de plantes cultivées, Wallace et ses collaborateurs (249) ont découvert que la teneur en Na des espèces indigènes variait de 0,00 à 2,04 % du poids sec, et les variétés cultivées de 0,00 à 3,00 %. Collander a trouvé (43) que la plupart des halophytes étaient très riches en Na, tandis que le sarrasin, le maïs, et le soleil étaient remarquables par leur manque presque total de Na. Hayward et ses collaborateurs (95) ont noté que les racines de pêcher peuvent accumuler dix fois la quantité de Na que l'on trouve dans les feuilles et les branches avec des valeurs de 0,36 % dans les petites racines; et Gauch et Wadleigh (74) ont noté de fortes accumulations de Na dans les racines et de faibles concentrations dans les tiges et les feuilles. Des effets toxiques spécifiques peuvent être provoqués par l'exclusion de Na quand se produisent en même temps des accumulations d'anions provenant du sous-sol, mais il ne semble pas que l'on doive classer ces cas comme relevant de la toxicité du sodium.

On a relativement peu d'observations permettant de préciser la toxicité spécifique de l'ion Na pour les plantes poussant dans les sols salins, mais Lilleland et ses collaborateurs (134) ont observé sur l'amandier, en Californie, une brûlure de l'extrémité des feuilles directement provoquée par la teneur en Na de la feuille. Cependant la solution du sol n'avait une teneur élevée ni en sel ni en Na, et le symptôme observé pourrait bien indiquer une nature alcaline du sol plutôt qu'une salinité. Ayers et ses collaborateurs (10) ont décrit deux types de brûlure de la feuille de l'avocatier qui ont été attribués à l'accumulation de Na ou de Cl. Les symptômes des dégâts dus à Na étaient des taches nécrosées ou écorchées près de la marge ou à la face interne de la feuille, tandis que dans le cas de dégâts dûs à Cl, la brûlure commençait à l'extrémité de la feuille et progressait vers la base du limbe et parfois le long des marges. Il est possible que l'accumulation de Na dans la plante soit associée à un abaissement de l'accumulation des autres cations au point de créer une balance cationique défavorable (Ratner 182, 183).

Calcium

L'ion Ca peut être toxique quand il s'accumule à fortes concentrations dans les solutions salines du sol, mais sa toxicité varie avec les espèces végétales. Par exemple Wadleigh et Gauch (243) ont montré que le guayule avait une tolérance relativement plus grande à un sous-sol salin produit par $CaCl_2$ qu'à ceux produits par d'autres sels neutres. D'autre part, Nassaeva (151) a publié que, dans cas des cultures de lin sur sol, des applications de $CaCl_2$ étaient plus toxiques que des applications de NaCl. Comme dans le cas de cultures additionnées de

$CaCl_2$, l'ion Cl s'accumulait aux niveaux supérieurs des plantes, et que Ca était lui aussi présent en fortes quantités, elle attribua la réaction de la plante à la toxicité du Cl et à un rapport Ca/K défavorable. Wadleigh et ses collaborateurs (245) ont effectué des recherches sur la composition minérale de Dactylis glomerata cultivé sur des sols additionnés de divers sels et ont trouvé que de très fortes concentrations de l'ion Ca dans la solution du sol peuvent être mortelles pour cette graminée quand l'anion associé est soit Cl soit NO_3. Comme l'addition de $(NO_3)_2Ca$ ne provoqua qu'une faible accumulation d'une petite quantité de Cl, ils conclurent que la toxicité du Cl n'était pas en cause. Lehr (132) dans ses recherches sur l'importance du sodium dans la nutrition de la plante a noté que la présence de Ca en quantités relativement fortes a un effet très nuisible sur la production du feuillage et des racines chez la betterave fourragère. La plante traitée au calcium est caractérisée par une couleur bleu-vert et une croissance rabougrie qui sont neutralisées par l'absorption de Na.

Gaugh et Wadleigh (72, 242) ont étudié l'absorption des éléments nutritifs par les haricots rouges nains cultivés sur sous-sols salins. Ils ont utilisé deux séries de cultures en solutions aérées, une série à laquelle on ajoutait NaCl, l'autre $CaCl_2$. En plus de la culture nutritive de base (de pression osmotique 0,5 atm.) on ajoutait dans chaque série à la solution nutritive de base quatre doses de sels de pressions osmotiques de 1, 2, 3 et 4 atm. Ils ont trouvé que les plantes des séries à $CaCl_2$ avaient une croissance moins rapide que celles des séries à NaCl, et ont attribué la différence surtout à une croissance des racines plus médiocre dans les séries à $CaCl_2$. Les plantes où NaCl, où Na prédominait dans les racines, absorbaient au total de plus fortes quantités de N, P, et K que les plantes à $CaCl_2$. Ils suggèrent que l'action différentielle des ions Na+ et Ca++ sur l'hydratation des colloïdes peut entrer en ligne de compte et que l'effet inverse de Na par rapport à Ca sur la perméabilité des cellules aux sels peut être un facteur de première importance pour expliquer les résultats obtenus.

Magnésium

On a reconnu que de fortes accumulations de Mg dans le sous-sol étaient toxiques pour les plantes en plus de toute inhibition liée à la pression osmotique : Sigmond (207), Trealease et Trealease (288), et Wadleigh et Gauch (243). Ces derniers ont trouvé que le guayule était tué quand on ajoutait à une solution nutritive assez de $MgCl_2$ pour produire une pression osmotique de 1 atm., tandis

WS/112.52

que dans des conditions semblables les haricots rouges accusaient une réduction de croissance d'environ 10 % seulement. Trealease et Trealease (228) déclarent que les dégats causés au blé par le Mg varient surtout en fonction du rapport Mg/Ca, bien que ces dégâts puissent être influencés par d'autres produits chimiques; et Gauch(70) associait la nocivité du Mg à un apport insuffisant de Ca. Ratner (182) indique que des quantités de Mg remplaçable supérieures à la normale créent un équilibre Ca-Mg défavorable, et cite les résultats obtenus par des chercheurs russes qui précisent que lorsque Mg constitue 50 à 60 % de la capacité d'échange en cations, il n'y a pas de diminution de rendement; mais au dessus de ce taux il peut y avoir une diminution nette de la croissance.

Potassium

Des accumulations de K dans la solution du sol sont peu fréquentes, mais peuvent se produire. Dans ce cas, il est peu vraisemblable que l'on observe des effets inhibiteurs spécifiques de la réaction de la plante dus à un excès de K si cette accumulation est partiellement compensée par Ca. On a noté des cas où des quantités relativement fortes de K ont produit des symptômes de chlorose du fer - Walsh et Clarke (250) -. Boynton et Burrel (30) ont décrit des taches sur les feuilles du pommier dues à une déficience en Mg qu'ils ont attribuées à l'effet antagoniste d'une forte teneur en K à la surface des racines ou dans l'arbre. Miyake (158) déclare que : "les sels de potassium, de magnésium ou de calcium constituent des poisons pour le riz quand on les applique séparément, mais l'effet nocif disparaît plus ou moins complètement quand on les mélange en proportions convenables."

Il est évident que les cations diffèrent de façon marquée dans leur effet sur les propriétés physiques des constituants colloïdaux du protoplasme. Des effets antagonistes se révèlent entre diverses paires de cations, par exemple entre Ca^{++} et Mg^{++} ; et entre des cations monovalents et divalents - Lundegardh (137). Il n'entre pas dans le but du présent rapport de passer en revue la question de l'antagonisme, mais de nombreux chercheurs ont noté que la croissance de la plante est réduite par une proportion défavorable des ions - Collander (43) et Osterhout (167, 168).

Chlorures

L'effet toxique de l'ion Cl a été noté par de nombreux chercheurs, mais ils ont eu parfois tendance à considérer que la toxicité du Cl était synonyme de l'effet défavorable d'une forte salinité du sol. Toutefois, pour de nombreuses espèces, on a observé que les sels de Cl n'inhibent pas davantage la croissance que des concentrations isosmotiques de sels de SO_4 - Eaton (55), Hayward et Long (93), Magistad et ses collaborateurs (145). Eaton a découvert que les boutures de citronier, les haricots "navy" (Phaseolus vulgaris) et le sorgho nain, cultivés sur sable, étaient plus sensibles à Cl qu'à SO_4 à pressions osmotiques égales, tandis que les tomates et les betteraves à sucre avaient une meilleure tolérance au Cl. Harper (83) signale que le pacanier est gravement endommagé quand la teneur en Cl des feuilles dépasse 0,6 % et a observé des dégâts sur les feuilles de pacanier, d'orme et d'hickory quand la dose de Cl du sol sec dans la zone des racines est supérieure à 200 p.p.m. Cooper et Gorton (44) ont découvert que la brûlure des feuilles est associée à l'accumulation de Cl chez l'avocatier, l'arbre à pamplemousse, la sapote blanche et l'Eugenia. Le taux de Cl des feuilles d'avocatier présentant des brûlures de l'extrémité allait de 0,22 à 1,48 % du poids sec. La brûlure des feuilles de pamplemousse se produisait plus rarement à des concentrations inférieures à 0,7 % de Cl et les feuilles les plus sévèrement brûlées avaient habituellement une concentration d'environ 2,0 %.

Hayward et ses collaborateurs (95) ont découvert, à la suite d'une étude de 5 ans sur le pêcher que, à pressions osmotiques égales, les solutions chlorurées entraînaient une plus forte réduction de la croissance des végétaux et étaient plus toxiques que les solutions sulfatées. Une réduction de croissance et de production due à une augmentation progressive de la concentration de NaCl dans la solution du sol a été signalée par Wadleigh et Ayers (238) et Bernstein et Ayers (22) pour les haricots; par Ravikovitch et Bidner (184, 185) pour la vigne et le trèfle; par Heller et ses collaborateurs (105) pour la tomate; par Millington et ses collaborateurs (155) pour l'avoine et l'orge; par Doughty et Stalwick (50) pour la luzerne, l'avoine et le blé.

Garner et ses collaborateurs (69) en travaillant sur le tabac ont fait des recherches sur la toxicité du Cl. Lorsqu'il y avait dans les feuilles de tabac une forte accumulation de Cl à la suite de l'emploi d'une dose massive de KCl comme engrais, ils ont trouvé une réduction prononcée de la teneur en acide malique dans les feuilles, et ils ont noté également que l'activité amylolytique normale était troublée et que les feuilles se gorgeaient d'amidon. Basslavskaja (18) a observé que l'accumulation de l'ion Cl dans les feuilles de pomme de terre gênait la photosynthèse en provoquant une réduction de leur teneur en chlorophylle, même s'il y avait une augmentation du rapport amidon-sucre. Schuphan (198) a dit qu'il n'était pas possible de généraliser l'effet du Cl sur le métabolisme des hydrates de carbone car les espèces ont à l'ion Cl des réactions très variées.

L'augmentation de pression osmotique du sous-sol peut avoir pour effet de réduire la croissance et la production d'une plante cultivée sans provoquer des symptômes spécifiques de lésion (13, 55). Dans ce cas, il peut y avoir une réduction de la taille des feuilles, de la longueur et du diamètre des tiges résultant d'une inhibition de l'activité des méristèmes primaires et secondaires - Hayward et Long (93, 94). Dans quelques exemples, de fortes accumulations de Cl ont tendance à augmenter l'épaisseur et la succulence des feuilles (93, 232, 255). Boyce (29) a étudié l'hypertrophie due au sol des plantes des dunes et a reconnu qu'elle était liée à la tolérance de la plante à d'importants dépôts de sol résultant de la pulvérisation de sel sur les feuilles. Quand elles étaient soumises à de fortes concentrations de sel, les espèces les plus tolérantes étaient caractérisées par une plus grande succulence et une capacité à accroître l'épaisseur du mésophylle.

Dans de nombreux cas, on peut observer des signes évidents de dégâts dus au Cl. Le plus commun est une brûlure de l'extrémité, roussissement ou nécrose du tissu de la pointe de la feuille qui peut s'étendre le long de la marge et plus tard intéresser de la moitié aux 2 tiers et dans certains cas la surface entière de la feuille. Ceci peut être précédé par un début de chlorose et de jaunissement de la feuille. Dans le cas de brûlures graves, la chute de la feuille se produit. La mort des petites branches est aussi un symptôme habituel, la croissance des racines peut être ralentie et il peut y avoir une réduction de la production et de la taille des fruits (22, 44, 126, 184).

Sulfates

Les observations faites sur un grand nombre de plantes cultivées indiquent que de fortes concentrations de l'ion SO_4 sont toxiques. Ceci a été signalé pour

WS/112.52

le lin (99), la tomate (55), Dactylis glomerata (245), le poireau (198), le citronier (81). Hayward et Spurr (99) ont trouvé que, à concentrations osmotiques égales, SO_4Na2 inhibait davantage la production de graines de lin que NaCl ou $CaCl_2$; et Wadleigh et ses collaborateurs (246) rendent compte de résultats semblables pour le guayule (Parthenium argentatum). Eaton (55) a trouvé que, en milliéquivalents SO_4 paraissait être moitié moins toxique de Cl pour certaines plantes. Haas et Thomas (81) ont observé la marbrure des feuilles de citronier avec une coloration jaune ou bronzée, quelques brûlures et une chute accentuée des feuilles quand il y avait une concentration importante de SO_4 dans la solution du sol.

Harris et ses collaborateurs (89,90) ont noté des différences concernant l'accumulation des ions Cl et SO_4 dans les liquides cellulaires des feuilles de différentes variétés de coton. Les variétés égyptiennes de coton ont tendance à accumuler beaucoup plus de Cl dans leurs tissus que les variétés américaines à fibres courtes, et la même tendance a été observée en ce qui concerne SO_4. Lyon (138), travaillant sur deux races de tomates et sur la génération F_1, a constaté que la race Red Currant était moins touchée par de fortes concentrations de SO_4Na_2 que les deux autres en ce qui concerne le poids sec des racines, le poids frais des fruits et le poids moyen des fruits mûrs.

Bien qu'on n'ait que des renseignements incomplets sur les raisons pour lesquelles l'ion SO_4 a des effets inhibiteurs sur la croissance de certaines espèces, il est évident que de fortes concentrations de SO_4 peuvent limiter l'activité de l'ion Ca dont dépend l'absorption cationique de la plante. Des analyses de feuilles de haricot (74), de pêcher (95) et de Dactylis glomerata (245) ont montré que les tissus contenaient moins de Ca et plus de Na et de K lorsque SO_4 était l'anion prédominant dans le sous-sol que lorsque c'était Cl. Ces résultats font penser que les effets spécifiques défavorables de SO_4 peuvent être dus à la perturbation d'un équilibre cationique favorable dans la plante.

Bicarbonates

On pense que l'ion CO_3H est très toxique pour les plantes, mais il est très difficile de mettre ceci en évidence à cause des relations entre l'ion CO_3 et le pH; Breazeale (32) déclare que CO_3HNa se trouve rarement en concentrations toxiques dans les sols alcalins et que sa toxicité exprimée par rapport à Na est à peu près la moitié de celle de CO_3Na2. Mellor et ses collaborateurs (104) ont étudié les tomates en culture sur sable en utilisant NaCl et CO_3HNa en

concentrations de 100 à 3000 p.p.m. Les résultats qu'ils ont obtenus indiquent que CO_3HNa était plus toxique que NaCl, et qu'il provoquait une inhibition très nette de l'absorption de Ca par les plantes. Harley et Lindner (82) ont indiqué que des vergers de pommiers irrigués avec de l'eau relativement riche en CO_3H avaient tendance à devenir chlorotiques; et ils ont trouvé que la situation pouvait être améliorée en irriguant ensuite avec de l'eau pauvre en CO_3H. Ils ont observé aussi une forte incrustation de CO_3Ca et CO_3Mg sur les racines des arbres des vergers qui avaient été irrigués pendant un certain temps avec de l'eau riche en bicarbonates de Ca et Mg. Ils pensent que ces dépôts peuvent produire des symptômes de chlorose en agissant sur la nutrition minérale de l'arbre.

Gauch et Wadleigh (72) ont trouvé la preuve d'une nette spécificité de la tolérance à l'ion CO_3H dans leurs études sur deux graminées, Chloris gayana et

Paspalum dilatatum. L'addition à une solution nutritive de 12 milliéquivalents par litre de CO_3H n'avait aucun effet sur la croissance de *Chloris gayana*, mais était extrêmement toxique pour *Paspalum dilatatum*, provoquant une grave chlorose ou la mort de la plante. Wadleigh et Brown (239, 240) ont étudié l'effet de CO_3H sur les haricots rouges nains et sur les betteraves rouges potagères, en utilisant des solutions nutritives auxquelles on avait ajouté 8, 16 et 32 milliéqu./l. de CO_3HNa. Toutes les solutions étaient préparées au pH 8,0. Les résultats obtenus montrent la différence des réactions à CO_3H suivant les différentes espèces de plantes. Chez les haricots, les fortes concentrations de CO_3H entraînaient une inhibition marquée de la croissance et une chlorose prononcée. Les traitements entraînèrent un ralentissement de l'"activité" du fer, un abaissement du taux de Ca des feuilles et une augmentation de leur taux en K. La croissance des betteraves était moins influencée par l'ion CO_3H que de nombreuses espèces étudiées. Des doses croissantes de CO_3H ne provoquaient qu'une diminution relativement faible de la croissance avec peu de signes macroscopiques de chlorose, bien qu'il y ait eu une certaine diminution de la concentration des feuilles en chlorophylle, accompagnée d'une augmentation de la teneur en bétaïne. Il y avait une accumulation très nette de Na et d'oxalate.

Steward et Preston (212) ont effectué des recherches concernant l'action de l'ion CO_3H sur l'absorption et le métabolisme du bromure en utilisant des rondelles de pomme de terre dans des solutions aérées. A pH constant, l'augmentation de la concentration externe de CO_3HK diminuait à la fois la synthèse des protéines et l'accumulation de bromure. Des preuves indirectes montraient que CO_3HK diminuait aussi la respiration et le métabolisme des hydrates de carbone. Les études citées montrent que l'effet défavorable de CO_3H sur la réaction de la plante est dû à l'absorption et au métabolisme des ions et qu'il peut y avoir des différences marquées dans la toxicité de CO_3H suivant les espèces végétales.

Nitrates

L'ion NO_3 peut s'accumuler à des taux assez élevés dans certains sols naturellement salins et cet état de choses est caractérisé par le développement de "dépôts de nitre" (101, 195, 215). Dolley (125) a passé en revue les théories concernant la formation de ces dépôts et déclare que "aucune explication vraiment satisfaisante n'a été donnée jusqu'à présent sur l'origine des énormes dépôts de nitrates au Chili ou dans d'autres endroits." Larson (130) a décrit un sol à salinité alcaline dans la vallée de Yakima, état de Washington, dans lequel NO_3 constituait 55 % des anions dans le profil du sol jusqu'à une profondeur d'un mètre environ, et 21 à 63 % des anions dans l'eau de la nappe phréatique.

Il est habituellement difficile de faire une distinction nette entre un effet spécifique de l'ion NO_3 et les effets concomitants produits par la pression osmotique du sous-sol où les cations complémentaires, mais on connaît plusieurs exemples d'inhibition de croissance produite par de fortes doses de NO_3. Chapman et Liebig (41) ont constaté que la croissance des plantules d'oranger était considérablement ralentie dans des solutions contenant 840 p.p.m. d'azote nitrique. Leonard et ses collaborateurs (133), utilisant des solutions nutritives d'azote, ont dit que les feuilles de la patate douce devenaient vert sombre et que quelques-unes d'entre elles tombaient lorsqu'on appliquait la solution à 200 p.p.m. Les feuilles produites avec la solution à 800 p.p.m., et surtout avec celle à 1600 p.p.m., étaient chlorotiques, et ces dernières mouraient avant la fin de l'expérience. Le poids frais de l'appareil végétatif, racines comprises, diminuait de façon nette à la dose de 400 p.p.m. d'azote. Eaton et Rigler (57) ont cultivé du coton à des taux d'N allant de 14 à 396 p.p.m. et ont constaté que de fortes concentrations de NO_3 réduisaient la croissance végétative et le nombre de capsules formées. Les plantes cultivées au taux d'N le plus élevé étaient moins grandes d'environ 25 % que celles cultivées aux taux intermédiaires (56 et 224 p.p.m.). L'observation ancienne de Headden (101), qui rapportait que l'accumulation de NO_3 dans le sol provoquait la production de betteraves à sucre de qualité inférieure à cause d'une faible teneur en sucre, a été vérifiée de nombreuses fois.

La capacité qu'ont une espèce végétale ou une variété données de germer et d'établir leur plantule est souvent le facteur limitatif en matière de production agricole; et, en milieu salé, cette phase du cycle vital de la plante peut être la phase critique. Les sols et les eaux salés peuvent agir de deux façons sur la germination :

(1) il peut y avoir assez de sel dans le milieu où se trouve la graine pour augmenter la pression osmotique de la solution du sol au point de retarder ou d'empêcher l'absorption de l'eau nécessaire, et

(2) certains sels ou ions qui s'y trouvent peuvent être toxiques pour l'embryon et la plantule.

Harris (84), Magistad (144) et Uhvits (229) ont passé en revue les écrits publiés sur cette question et soulignent que dès 1896, des chercheurs du Wyoming et d'ailleurs travaillaient sur la question de l'action d'une forte pression osmotique de la solution du sol (34, 35, 208, 214). Leurs études montrèrent que la germination était retardée par les sels en solution et que l'importance du retard de la germination et des dommages aux graines et plantules était en raison directe de la pression osmotique de la solution saline. Avec la plupart des substances en solution employées , l'augmentation de pression osmotique provoquait une diminution du gonflement des graines. Si la pression osmotique était suffisamment élevée, aucune germination ne se produisait; mais on remarqua que les diverses espèces de plantes agricoles montraient des tolérances aux sels différentes pour une concentration saline déterminée. Stewart (214) remarqua que les céréales avaient une tolérance aux sels supérieure à celle des légumineuses et établit la liste de leur tolérance aux sels relative dans l'ordre décroissant suivant : orge, seigle, blé, avoine. Pour les légumineuses, il donnait l'ordre de tolérance suivant : pois, trèfle rouge, luzerne, trèfle blanc. Harris (84) fit des essais de germination sur un grand nombre de plantes cultivées pour des concentrations de sels allant de zéro à 10.000 p.p.m. (1 % du poids sec), en utilisant plusieurs sels, isolément ou en combinaison. Il constata de grandes différences entre les plantes en ce qui concerne la germination en sous-sol salin et établit une liste des plantes étudiées dans l'ordre de tolérance décroissante suivant : orge, avoine, blé, luzerne, betterave à sucre, maïs, pois fourragers.

Des études plus récentes ont confirmé ces premiers travaux (9, 12, 159, 193, 194, 205, 229). Shive (205) employa une méthode de culture sur sable, sel par sel, pour étudier la germination des haricots et du maïs à des pressions osmotiques de 0,5 à 8,0 atm., et conclut que "le retard de germination est directement lié à la quantité d'eau absorbée par les graines, qui, à son tour, dépend de la concentration des solutions du sol". Rudolfs (193, 194) a utilisé des graines préalablement trempées qu'il faisait germer sur papier filtre avec un seul sel à des pressions osmotiques allant jusqu'à 7 atm. Sauf dans le cas de quelques-unes des solutions plus faibles, la germination et la croissance des racines diminuaient en fonction inverse de la concentration des sels. Millington et ses collaborateurs (155) ont poursuivi en Australie occidentale des études de germination contrôlée en sols salins sur l'avoine, l'orge, le blé et le seigle, pour des concentrations en sels allant de 0,10 à 0,30 % de NaCl. Ils ont constaté que le seigle avait la meilleure germination pour les conditions de salure les plus accentuées, mais qu'il avait une tolérance relativement médiocre durant la suite de sa croissance et de son développement. Les orges fourragères montrèrent la plus forte capacité à la fois pour la germination et pour la croissance d'hiver en sols salins.

L'évaluation du taux de salinité conditionnant la germination des graines sur le terrain est difficile, car l'humidité du sol et la concentration en sels changent continuellement à cause de l'évaporation, des mouvements capillaires de l'eau, des pluies ou de l'irrigation. Ayers et Hayward (12) ont décrit une méthode de laboratoire pour mesurer les effets de la salinité du sol sur la germination qui comporte l'humidification et la salinisation d'un sol non salin, de façon à obtenir un pourcentage d'humidité du sol et un taux de salinité déterminée. On détermine le taux d'humidité du sol et la richesse en sel de l'extrait de saturation, et ces données permettent de calculer la pression osmotique de la solution du sol dans l'essai de germination. Des quantités de sol préconditionné sont placées dans de grands plats de culture après avoir été pesés; on plante un nombre déterminé de graines et les cultures sont placées dans une pièce à température constante pour éliminer la variable température. Cette façon de procéder réduit aussi à un minimum la variation de l'humidité du sol, ce qui est important en matière de germination de graines (48, 113).

Avec cette technique, Ayers et Hayward (9, 12) ont étudié la luzerne, l'orge, les haricots rouges, le maïs, les oignons et les betteraves à sucre à des taux de salinité allant de 0,05 à 0,4 % du sol sec. Les pressions osmotiques des solutions du sol, calculées d'après la conductivité électrique de l'extrait de saturation et le taux d'humidité du sol au moment de l'ensemencement, allaient de 0,7 à 25,3 atm. Aucune graine n'a germé au taux de 0,4 %, mais pour l'orge (California,Marrioutt) on obtint 80 % de germination au taux de 0,3 % de sel (pression osm. de 20 atm.). On eut avec la luzerne 80 % de germinations avec 0,1 % de sels ajoutés (pression osm. 7,3 atm.), mais la germination des betteraves à sucre était réduite de 50 % au taux de sel de 0,08 % (pression osm. de 5,8 atm.)

Apêndice 2:

COORDENADAS CARTOGRÁFICAS DA ÁREA		
PTS	**X**	**Y**
1	22765 6	1631207
2	23801 3	1620628
3	26897 6	1613767
4	29706 2	1611949
5	38940 2	1752282
6	34392 4	1778758

ZONA DE NIAYES
ÁREA = 7804512700 m2
COMPRIMENTO = 187 km em linha reta
LARGURA = 60 km em linha reta

COORDENADAS GEOGRÁFICAS DA ZONA DE NIAYES		
PTS	**LATITUDE**	**LONGITUD E**
1	14°44'27 "N	17°31'46 "W
2	14°38'47 "N	17°25'56 "W
3	14°35'14 "N	17°08'40 "W
4	14°34'23 "N	16°53'01 "W
5	15°50'50 "N	16°01'59 "W
6	16°05'02 "N	16°27'33 "W

Fonte: DTGC, 2011.

Apêndice 3: Fotografias do lago Wouye em 2007, antes da sua transformação numa bacia de retenção

Fotos de ceans no Lago Wouye em 2007

Fonte: M. Fall julho de 2007

Rega das plantações com uma motobomba. Em 2007, havia apenas alguns na zona.

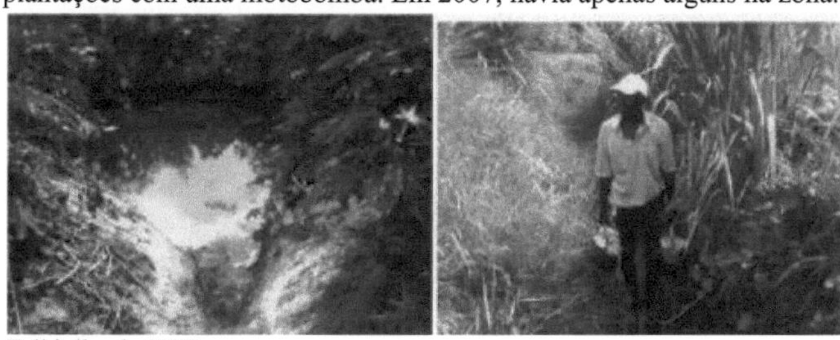

Fonte: M. Fall julho de 2007

A rega das plantações com regadores era muito mais difícil do que com a bomba motorizada, exigindo várias viagens de ida e volta para as hanes.

Fotografias tiradas no laboratório Saed em 2010

Fonte: M. Fall, dezembro de 2010 Ross Béthio

Análise de amostras de solo e de água no laboratório de solos do SAED de Ross Béthio.

Apêndice 4: Guia da entrevista

GUIA DE MANUTENÇÃO PARA HORTICULTORES

1. Quantas parcelas de horta existem e qual é a área total?

2. Que quantidade de terra arável foi perdida devido à salinização (aldeia, lago) e quando se apercebeu deste fenómeno?

3. Quais eram os rendimentos antes da salinização?

4. Quais são os rendimentos actuais?

5. A salinização tem vindo a aumentar ao longo dos anos e, em caso afirmativo, existem formas de a combater?

Apêndice 5: Quadro dos preços de compra e de venda dos produtos da horta

Comercializar produtos de jardinagem	Preço de compra	Preço de venda
Alho-porro	1500 a 5000 F / placa	100 a 500 F/kg
Couve	1500 a 5000 F/placa	100 a 500 F/kg
Tomate	3.000 a 10.000 F/caixa	100 a 300 F
Cebolinha verde	2500 a 15 000 F/saco de 30 e 35 kg	100 a 400 F/kg
beringela	7500 a 25 000 F/saco de 50 a 55 kg	100 a 300 F/kg
Malagueta	100 a 750 F/kg	125 a 800 F/kg
Rabanete	50 a 300 F	100 a 400 F
Bissap	10.000 a 20.000f/lote	100 a 150 F
Malagueta verde	150 a 300 F	200 a 400 F
Nana	5000F/placa	25 F
Cenoura	200 a 300 F	250 a 400 F
Navée	100 a 200 F	150 a 250 F
Folha de batata	25.000 F a 50.000 F/campo	25 F
pepino	100 a 200 F	200 a 300 F
Rendimento por dia	500 a 20.000 F	-
Rendimento por ano	360.000 a 7.200.000 F	-

Fonte:M. Fall, 2017

Anexo 6 : Espécies cultivadas na zona de Niayes

Maraîchage	
Manjericão (Ocimum basilicum L.) Nana comum (Mentha sp.) Nana menthe (Mentha sp) Couve verde (Brassica oleracea L. var. Capitata) Malagueta (Capsicum frutescens L.) Pimento (Capsicum annuum L.) Bissap (Hibiscus sabdariffa L.) Alface (Lactuca sativa L.) Curgete (Cucumis pepo L) Cenoura (Daucus carota L.) Feijão verde (Phaseolus vulgaris L) Mandioca (Manihot esculentum) Tomate de mesa (Lycopersicum esculentum var.) Tomate-cereja (L. esculentum var. cerisae) Nabo (Brassica napus L.) Melão (Cucumis melo L.) Melancia (Citrillus colocynthis L. Schrad) **Fonte: M. Fall, 2017**	Beringela (Solanum melongena L.) Gombo (Abelmoschus esculentus) Jaxatu (Solanum aethiopicum L. Kamba) Morango (Fragaria vesca L.) Batata (Solanum tuberosum L.) Pepino (Cucumis sativus L.) Espargos (Asparagus officinalis) Abóbora (Cucumis maxima L.) Cebola (Allium cepa L.) Alho francês (Allium porum L.) Abóbora Batata-doce (Ipomea batatas L.) Alho (Allium sativum L.) Funcho Salsa (Petroselinum criapum L.) Feijão-frade (Vigna unguiculata L. Walp.) Cebolinho (Allium schoenoprasum)

L'irrigation des plantes se fait manuellement, soit à l'aide de seau en plastique, soit grâce à un tuyau souple relié à une moto-pompe pour l'exhaure de l'eau. L'eau est déversée directement au pied des plantes.

Comme fumure, une poignée d'urée a été appliquée à chaque plant, juste après le repiquage. Il est prévu plus tard, l'épandage de fumure organique ou de tout autre engrais disponible pour le paysan.

Les semences de tomate sont auto-produites, donc prélevées sur la récolte précédente. Elles donnent des fruits de même calibre que ceux de la variété Xeewel i Nawet, sélectionnée au C.D.H., c'est-à-dire intermédiaire entre la grosse tomate et la petite, du genre cerise, d'où le nom "Duma Dara" donné à cette tomate.

La culture de tomate vient dans la rotation des cultures après celle de la pomme de terre. Cette succession de deux espèces appartenant à la même famille des Solanacées sur la même parcelle, présente des risques sur le plan phytosanitaire (par exemple : présence de nématodes), de même que celui de l'épuisement du sol par la première culture.

Le seul prédateur signalé sur la tomate est Heliothis armigera qui perce les fruits et provoque la chute des fleurs. L'association Décis-Lannate était utilisée pour la lutte contre cet insecte nuisible. Il est à remarquer que ces deux produits pris séparément, assurent un excellent contrôle des populations du ravageur. En outre, il a été observé quelques plantes virosées.

Les principaux problèmes qui ressortent de cet expose sont :

- l'état phytosanitaire des semences : le prélèvement des semences sur la production augmente les risques de prolifération de certaines maladies virales, dont très souvent le maraîcher ignore l'existence, aussi un effort devra être fait dans le sens d'une meilleure information sur le choix des semences ;

- l'utilisation des fertilisants est un acquis, mais leur disponibilité reste problématique. En plus, les doses requises et les moments d'épandage ne sont pas bien maîtrisées ;

- la position de la culture de tomate dans la succession culturale après la pomme de terre, n'est pas la plus indiquée.

Irrigation

La baisse de la nappe phréatique, conséquence de la faiblesse de la pluviométrie des années précédentes, a conduit à la désertion des bas-fonds pour les versants dunaires.

Ce déploiement des cultures vers la périphérie des Niayes pose certaines difficultés. L'arrosage est devenu une nécessité et la fréquence de celle-ci est plus rapprochée, d'où un accroissement de la main-d'oeuvre. L'utilisation de moto-pompes pour l'exhaure de l'eau, permet une réduction de la main-d'oeuvre, mais augmente les charges par des frais de carburant, de lubrifiant et de maintenance, qui très souvent, fait défaut pour cette dernière. Les céanes de plus en plus profondes, n'offrent qu'une faible quantité d'eau dans la journée, ce qui entraîne une réduction des superficies cultivées. La pauvreté des sols en éléments fertilisants, impose l'emploi de fumure organique et minérale pour avoir un niveau correct de production, d'où une augmentation des charges de fonction de l'exploitation.

Anexo 8 : Técnicas de cultivo de um certo número de produtos de hortas comerciais

Pomme de terre

Variété : Claustar

Techniques culturales

Nombre de tiges m^2 brut : 8 à 10

Quantité de semences utilisée ± 1.000 kg/ha

Profondeur de plantation : 15 cm

Pas de buttage

Densité de plantation : ± 7 morceaux de tubercules par m^2 brut ; 5 à 6 morceaux par tubercule.

Manioc

Culture de manioc chez El Hadji Matar Diop (± 9 ha

Expérience dans le secteur : 20 ans
Problèmes rencontrés : cochenilles, mosaïque, sécheresse
Variété : Kombo (type clair et type foncé)
Caractéristiques variétales : le type clair est plus résistant à la cochenille et plus tolérant à la sécheresse. Malheureusement, il est extrêmement sensible à la mosaïque
Plantation : juin (au moment des premières pluies)
Récolte : fin juillet/août
Prix de vente au bana-bana 15.000 F/sac (50 kg) (les prix les plus élevés seraient obtenus en mai/juin).

Cependant, la culture sur les versants dunaires longtemps souhaitée par le C.D.H., présente un intérêt surtout pour la pomme de terre. Les tubercules récoltés ne seront plus gorgés d'eau, comme ceux récoltés dans les bas-fonds, auront une meilleure qualité gustative et se conserveront plus longtemps, avant leur écoulement vers les marchés.

Association gombo-oignon

Culture d'oignon en association avec le gombo
Durée des pépinières : 1 mois
Semis du gombo : 1/2 mois après repiquage de l'oignon
Récoltedes bulbes : 2 mois après repiquage

Variété : Texas Early Grano (le Jaune hâtif de Valence est utilisé en culture tardive).
Densité moyenne : 38.400 pl/ha
Achat des semences dans le secteur maraîcher { 1.250 F/100 g pour le gombo
6.000 F/100 g pour l'oignon
Vente des bulbes : 300 F/kg pour les récoltes hâtives
75-100 F/kg pour les récoltes en avril/mai
Engrais utilisés : 14-7-7, coques d'arachide, fumier.

Apêndice 9: Níveis de produção das principais culturas por região (2004/05 em toneladas)

Produto	Regiões da zona de intervenção				Outras regiões	Nacional
	Dakar	Thiès	Louga	SaintLouis		
Cebola	8 750	2 750	10 625	12 750	5 125	40 000
Tornear	4 550	3 650	3 400	11 000	2 375	25 000
Couve	6 200	8 900		275	1 625	17 000
Batatas	4 894	2 000	428			7 282
Quiabos (abermoscus)	2 832	1 416			3 652	8 500
Beringela amarga	5 487	3 990			3 082	12 479
Beringela	1 134	851		567	851	3 403
Feijão verde	2 500	1 250	500	250		4 500
Malagueta	1 955	788		575	1 145	4 463
Carette	2 125	3 251	133	350	2 575	8 506
Nabo	7 048	2 493		431		9 972
Batata-doce	ND			26 485		26 485

Fonte: Unidade de Política Agrícola, Ministério da Agricultura

Apêndice 10: Indicador da quantidade normal de fertilização para algumas culturas hortícolas de mercado

hortícolas de mercado

Cultura	Molho de fundo	Estrume de manutenção
Cebola	10-20 t/ha de matéria orgânica 250 kg/ha de 10-10-20	-
Cenoura	10-20 t/ha de matéria orgânica 500 kg/ha de 10-10-20	300 kg/ha de 10-10-20 a 20 e 40 dias após a sementeira
Couve	20-30 t/ha de matéria orgânica 250 a 300 kg/ha de 10-10-20	200 kg/ha de 10-10-20 após 20 e 35 dias de plantação
Tomate	20-30 t/ha de matéria orgânica 400 kg/ha de 10-10-20	200 kg/ha de 10-10-20 após 15, 30, 50 e 60 dias de plantação
Malagueta	15-20 t/ha de matéria orgânica 300 kg/ha de 10-10-20	150 kg/ha de 10-10-20 duas a quatro semanas mais tarde subcultura
Mandioca	5-10 t/ha de matéria orgânica 600 kg/ha de 10-10-20	-

Fontes: Fichas de dados CDH, 1989

Apêndice 11: Técnica de irrigação solar por gotejamento

O gotejamento solar é um sistema de irrigação altamente eficiente, simples e económico que pode ajudar milhões de agricultores em todo o mundo a aumentar a produção, até 10 vezes menos água.

O gotejamento solar, também conhecido como "Kondenskompressor", é uma técnica de rega concebida obter uma utilização óptima da água, utilizando a energia solar como força motriz da destilação e do movimento da água. É um sistema surpreendentemente simples e eficaz que pode reduzir a quantidade de água utilizada na rega em cerca de 10 vezes em comparação com os sistemas de rega tradicionais.

O Kondenskompressor é fabricado a partir de garrafas de plástico PET facilmente disponíveis. É fácil de fazer e de instalar, e pode ser utilizado por qualquer agricultor, seja ele particular ou profissional. Requer uma manutenção mínima, ou seja, adicionar água ao depósito quando necessário e remover quaisquer plantas que tenham crescido dentro do Kondenskompressor.

A utilização desta técnica permite que as plantas se desenvolvam plenamente, utilizando apenas a quantidade de água de que necessitam e evitando a evaporação de qualquer excedente.

Uma vez que utiliza materiais reciclados facilmente disponíveis e é extremamente simples de fabricar e instalar, esta técnica pode ser facilmente utilizada em países pobres com longas estações secas, e mesmo em zonas desérticas que poderiam ser abastecidas com água doce ou salgada (por exemplo, do mar).

Como fazer um Kondenskompressor e aplicar a técnica de gotejamento solar

Para fazer um kondenskompressor, só precisa de duas garrafas de plástico PET com tampa (garrafas de água de plástico) de tamanhos diferentes (por exemplo, uma de 5 litros e outra de 1,5 litros). Podem ser utilizadas garrafas de vidro com as mesmas caraterísticas, se houver um meio de as cortar.

A garrafa maior deve ser cortada na base, enquanto a mais pequena deve ser cortada mais ou menos a meio e a metade inferior deve ser utilizada.

A metade inferior da garrafa pequena, cheia de água, é colocada no chão e a garrafa grande é colocada por cima. A posição relativa entre as duas deve permitir abrir a tampa da garrafa grande para deitar água na garrafa pequena.

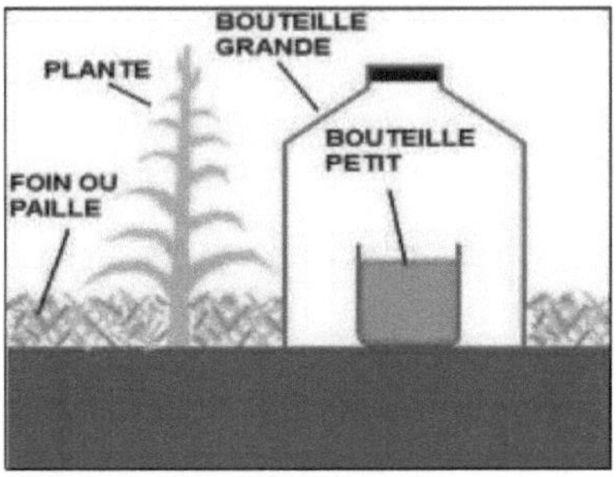

As duas garrafas (o kondenskompressor) são colocadas ao lado da planta a ser regada. Coloca-se feno, palha ou folhas secas à volta da planta e do kondenskompressor. Quando os raios de sol atingem o kondenskompressor, produzem um efeito de estufa no seu interior, aumentando a temperatura do ar e provocando a evaporação da água no interior do tanque. O ar no interior da campânula fica saturado de humidade, provocando a condensação sob a forma de gotículas de água na parede. Enquanto o kondenskompressor permanecer exposto ao sol, a evaporação continuará, produzindo gotas de água cada vez maiores que acabarão por deslizar pelas paredes e cair no solo para o regar. Desta forma, é criado um ciclo natural da água em pequena escala.

Quando o sol incide sobre o kondenskompressor, a água evapora-se no interior do recipiente e condensa-se nas paredes da garrafa grande.

Se o Kondenskompressor for deixado ao sol, a evaporação continuará, as gotas de água aumentarão e deslizarão pelas paredes até ao chão, onde o humedecerão.
A vantagem destes sistemas de rega gota a gota, tanto solares como convencionais, é que a planta recebe exatamente a quantidade de água necessária ao seu desenvolvimento, evitando desperdícios por excesso de rega, evaporação ou filtração.
Como não existe uma ligação direta com a atmosfera exterior, não se perde água através do sino. Para evitar o risco de evaporação, coloca-se feno ou palha na área entre a planta e o Kondenskompressor para conservar a humidade do solo. Desta forma, a água só pode evaporar-se quando tiver sido utilizada pela planta para o seu desenvolvimento, através da transpiração das folhas.
Não considerámos necessário incluir este método nos capítulos do nosso estudo, porque consideramos deve ser testado primeiro para garantir a sua fiabilidade. Daí o interesse desta proposta, que poderá ser objeto de um estudo mais aprofundado.

Resumo

As consequências da salinização do Niayes sobre a horticultura de mercado deram origem a uma necessidade que sentimos na sequência dos problemas ambientais observados no local. A análise do meio físico, com particular destaque para o Niayes, permitir-nos-á compreender as causas dos diferentes problemas e poderá ajudar as autoridades competentes a optar por uma melhor gestão desta zona tão vulnerável. Partimos da hipótese principal de que "a salinização do Niayes tem um impacto negativo na horticultura". Para verificar esta hipótese, realizámos um inquérito no terreno, entrevistando horticultores para conhecer a sua opinião sobre a situação atual. O panorama geral da zona mostra um nível médio instalações e actividades diversificadas, como a horticultura comercial, a arboricultura, etc. A ocupação anárquica da zona contribui igualmente para a sua degradação. A isto acresce a degradação dos recursos naturais, para não falar impacto negativo no solo dos pesticidas utilizados pelos horticultores. A forte pressão sobre os solos constitui um obstáculo importante ao desenvolvimento do sítio. A interpretação dos resultados das análises químicas do solo e da água em toda a zona, nos nossos diferentes locais, mostrou uma rápida evolução do nível de salinidade ao longo dos anos, com um pH muito alcalino, um solo alcalino e uma água salina, imprópria para a irrigação e para a horticultura.

Palavras chave

Niayes, salinização, água de irrigação, degradação, gestão, recursos naturais, horticultura de mercado, pressão fundiária.

MIX
Papier aus verantwortungsvollen Quellen
Paper from responsible sources
FSC® C105338

Printed by Books on Demand GmbH, Norderstedt / Germany